はじめに

缶が好きです。

今から45年前。3歳のとき、祖父に買ってもらった「CHARMS」のキャンディの缶をきっかけに、お菓子の缶に魅入られています。

お菓子の缶は本来、中のお菓子を湿気や光、衝撃から守るための工業用品です。しかも発色に優れ、最終的にはほぼ100%土に帰るエコな素材。

何よりもお店やブランドの思いが込められ、表現された、私たちのいちばん身近にあるアート。

日本でお菓子缶が盛んになり始めたのは、東京オリンピック前後の1960年代。しかし当時はただの包装用品でしかなかったため、重要視されず、実は日本のお菓子缶の歴史についての資料はあまり残っていません。が、本書ではそのお菓子缶の歴史も追いかけまわしてみました。また、タイトルに“お菓子缶”と銘打っていますが、ちらちらとお茶やオートミールの缶も紹介しています。そして終売品でも缶マニアにとっては“見るだけで”たまらないかわいい缶、おもしろい缶も掲載。缶そのものを愛する偏執さ故、ご容赦いただければと思います。

2020年刊行予定だった本書ですが、新型コロナウイルス感染症に翻弄され、取材は難航を極めました。約2年に及ぶ取材の中、缶の製造を断念したメーカー、廃業を余儀なくされたブランドもありました。

しかし外出を制限される中、“持ち帰れる“食べたあとの楽しみがある”お菓子缶は、今、**“日本で最も注目されているお菓子”**とも言われています。

本書を通じ、1人でも多くの方にお菓子缶の魅力を知っていただき、購入の“ひと押し”になればと願っています。

2021年10月　中田ぷう

Contents

※商品の価格は2021年10月のものとなります。また、とくに表記のないもの以外は税込みになります。

NO CANS, NO LIFE

by “can maniacs”

PART 1

いつか必ず手に入れたい素敵なお菓子缶10

大手製缶会社が把握しているだけで
年間200～300種類の新しい缶が作られる缶の世界。
素晴らしいデザインのお菓子缶は数多くありますが、
格別に素敵な10缶を選びました。

01

“都市生活者にとってフルーツは最も身近な自然の1つ”をコンセプトに、フルーツで洋菓子の可能性を広げるお菓子作りをしている「ポモロジー」。絵画的な美しさと繊細さを兼ね備え、食べ終わったあと絶対に捨てられない威力を持つ。イラストを担当するのはファッションブランド「GUCCI」や雑誌『GINZA』で活躍する三宅瑠人（りゅうと）氏。今、さまざまな業界から引く手あまたのイラストレーターだ。いちばん人気はきつねが描かれた「ベリーズ」。

POMOLOGY

「ポモロジー」のクッキーボックス

〈左〉冬季限定で販売された「クッキーボックス ウインター」（2021年10月末より再販予定）、〈右〉夏季限定で販売された「クッキーボックス トロピカル」（現在終売）各1944円

レモン1620円、ベリーズ、フィグ各1728円／ポモロジー（伊勢丹新宿店）

CAFE TAIYOUNOTOU

2021年4月には、イラストレーター・松下さちこ氏が手がけるゴシックテイストな絵画の缶を発売。「楕円缶にクッキーを敷き詰めてみたい」と思っていた矢先、偶然にも松下氏の楕円形の絵画に出会い、実現したという。タイヨウノカンカン「shiro」、タイヨウノカンカン「kuro」各3500円

「cafe太陽ノ塔」の
タイヨウノカンカン　クッキー10種アソート

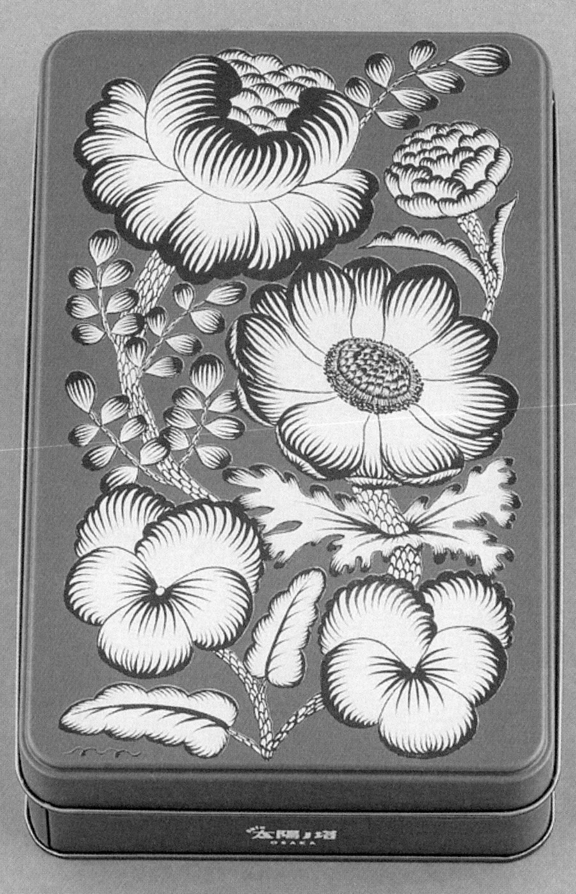

3400円

02

日本のカフェ文化である“純喫茶”をベースに、さまざまなオリジナルメニューを展開する「cafe太陽ノ塔」。毎年遊びに行く大阪で必ず訪れるカフェでもある。関西特有の言い回しである“缶＝カンカン”を商品名に取り入れたことといい、インパクトの強いイラストといい、強烈な個性を放つクッキー缶。しかし決して奇抜だったり下品にならないデザインのバランスもお見事。イラストは作家の野田夏実氏の描き下ろし。「婦人画報のお取り寄せ決定版2020」で、ランキング1位に輝いた実績も持つ（2020年3月18日時点）。

※問い合わせは「cake太陽ノ塔」

「G線」は1952年創業の神戸の老舗カフェ。クッキーの缶というと甘く女性らしいデザインが多い中、「G線」のものは非常にモダンでユニセックス。手描き風のシンプルなタイポグラフィが用いられ、それらとは一線を画す独特なデザインだ。それもそのはず。「G線」のクッキー缶は、戦後の日本のモダニズムを体現した、伝説的なグラフィックデザイナー、故・早川良雄氏が手がけ、70年代から使われている。実は早川氏が手がけたのは「G線」の缶だけにとどまらず、店名や包み紙、家具、皿、額に飾る絵に至るまで一手に引き受けた。ぜひ一度店舗も訪れてみてほしい。

アソートギフト缶（A・B・Cセット）2916～3888円

「G線」の
ハンドメイドクッキー アソートギフト缶

04

「メゾン・ダーニ」のマカロンバスク24個入り

世界でも有数のバスク菓子専門店「ミルモン」で修業したパティシエ・戸谷尚弘氏の「メゾン・ダーニ」の「マカロンバスク」缶は、海外のお菓子の缶かと思うほどアートな魅力を持ち、美しい。一度見ると忘れられないほど印象に残る。缶に使用されたイラストは、戸谷シェフが修業先のバスク地方にあるギャラリー「アスキー」で出会ったアーティスト・パトリック・コシュ氏に描き下ろしてもらったもの。※マカロンバスクとは現在のカラフルなマカロン・パリジャンの原型になったと言われる焼き菓子のことで、マカロン・パリジャンが生まれる300年ほど前に生まれた。

3050円

MAISON D'AHNI

BISCUITERIE BRETONNE 05

「ビスキュイテリエ ブルトンヌ」の ブルターニュ クッキーアソルティ〈缶〉

上からブルターニュ クッキーアソルティ〈缶〉（23個入）2484円、（47個入）4968円、ボヌール（2/1〜2/14、3/1〜3/14のみ販売）2592円

限定でアニバーサリー缶や“シトロン缶”も登場する。

ただかわいいのではなく、垢抜けた大人のかわいさを持つ缶。そのため初見ではフランスあたりからの輸入缶だと思っていた。ところが日本の会社の商品と聞いて驚いた。ブランドカラーであるペールグリーンをベースに、クッキーの焼き色に似合う色味やテーブルに置いたときの華やかさ、食べ終わったあとも残しておきたくなる愛おしさ、サイズ感などを追求し、デザインされた。日本のクッキー缶デザインの躍進ぶりを感じさせてくれた、私にとって非常に印象に残っているひと缶。ちなみに、食べ終わったあとの缶は裁縫箱として使っている。

「銀座千疋屋」の
缶入り銀座ひとくちフルーツゼリー

1894年「千疋屋総本店」から暖簾分けを許され、果物専門店として創業した「銀座千疋屋」。1947年に銀座5丁目にオープンした「ニュウ銀座千疋屋」と銀座8丁目にある銀座本店との差別化を図るため、かの有名なターコイズグリーンにバラをあしらった包装紙のデザインが生まれたのではないかと言われている（考案者は2代目社長・齋藤義政氏の弟・齋藤義信氏という説が有力。「銀座千疋屋」にも確固たる資料はない）。この商品は長年の「あの包装紙の柄の缶が欲しい」という缶マニアたちの声が届いたのか、2019年バレンタイン商品として初登場。以来、多くの人に愛され続けている。
※問い合わせは「パティスリー銀座千疋屋」

小864円、大2160円

06

GINZA SEMBIKIYA

1935 年、広島・鷹野橋の街角に開店した小さなパン屋。店の奥には喫茶もあり、大学生や女学生でにぎわっていたという。しかし戦争が始まり、広島は火の海と化し、その店も焼け落ちた。終戦翌年、焼け跡に「房州」の名でお菓子と喫茶の店が再開。その後、1974 年に「ポワブリエール」となった。「フールセック」は「ポワブリエール」となった 1974 年頃からあり、当時はブルーとブラウン地の缶に金のロゴマークが入っており、高級感が強調されたものだった。現在のデザインになったのは 1983 年頃。創業者であったシェフがフランスのポスターなどを参考にしながら文字や色構成なども自身で描き、デザインしたという。中には石窯で手焼きした風味と食感の違うクッキーが 10 種入っている。

3780 円

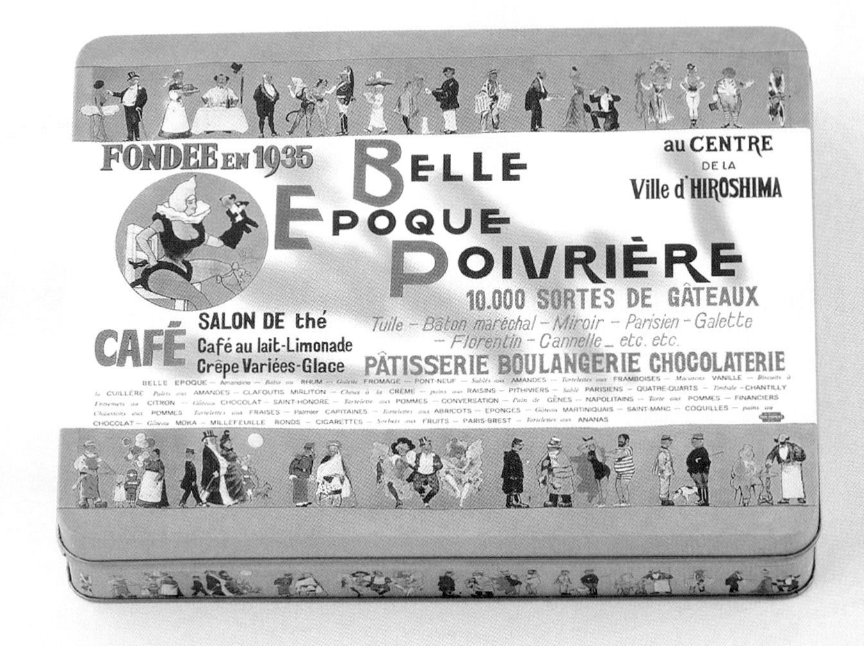

「ポワブリエール」
のフール・セック

「カフェタナカ」のレガル・ド・チヒロ

缶マニアで知らない人はいないであろう「カフェタナカ」のクッキー缶。特にここ数年の人気はすさまじい。パリで菓子作りを学んだ田中千尋氏がシェフパティシエを務める、名古屋喫茶店文化とフランス菓子文化が融合した「カフェタナカ」。女性ならではの感性を活かして、デザイン、色選びまですべて携わっている缶は今まで20色以上のカラーバリエーションを発表し、コレクター多数。「シュクレ缶」に使われているピスターシュグリーンはクッキー缶が誕生した約10年前から受け継がれている「カフェタナカ」のコーポレートカラー。一枚一枚手作りゆえ、数量限定販売なため入手困難なクッキー缶。

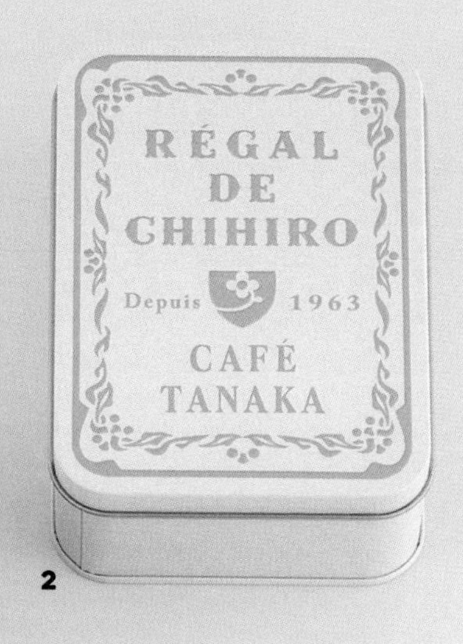

2

1

1 シュクレ缶 4698円 **2** ビジュー・ド・ビスキュイ プティプルミエ 2862円 **3** ビスキュイ・シンプリシテ 2700円

3

限定商品としていちばん人気を誇る「ノエル缶」(11月〜12月25日まで販売・完売次第終了)。クリスマスに降り積もる雪をイメージした白を地色に、クリスマスカラーである赤や緑を配色。

CAFE TANAKA

「伊勢丹」のタータンは、1958年頃からショップ内のショッピングバッグとして使われるようになった。その後、全店で使用されるようになる。2013年、このタータンを約55年ぶりにリニューアルし、「マクミラン/イセタン」に。この「マクミラン/イセタン」は全世界のタータンを統制する「スコットランドタータン登記所」に正式登録されている由緒ある柄でもある。「マクミラン/イセタン」プリントの缶シリーズは東京土産としての人気も高く、コラボした菓子ブランドもこの柄の商品は伊勢丹のみでしか販売をしていない。

1

2　3

4

「伊勢丹」の“マクミラン/イセタン”シリーズ

1「泉屋」伊勢丹オリジナルクッキーズ1620円　**2**「赤坂柿山」赤坂慶長(ブラックウォッチ)、**3** 赤坂慶凰各1080円　**4**「代官山シェ・リュイ」プティ・サレ・アペリティーフ、プティ・フール・セック各1566円/伊勢丹新宿店
※デザインが変更になる場合もある。

2021年2月には、大正浪漫やレトロサーカスのイメージでデザインされた手のひらサイズの缶も加わった。
COBATO 浪漫缶 其ノ壱
2160円

オンラインショップでは販売開始15分で1000缶完売。店舗では発売前から予約が殺到したという伝説を持つ缶。デザインからイラストまでコバトパン工場を運営する「株式会社BATON」の社長である谷野恵子氏が担った。「コバトパン」のキャラクターである工場長と3人の弟子たちが描かれており、弟子たちとパンはエンボス加工でぷっくりとさせ、存在感を演出。フランスの郷土菓子である「スペキュロス」缶はトリコロールカラーをベースにしたクラシカルな配色に、お酒にも合う「ビスキュイ」缶は南フランス・プロヴァンスの明るい太陽と海をイメージした配色にした。

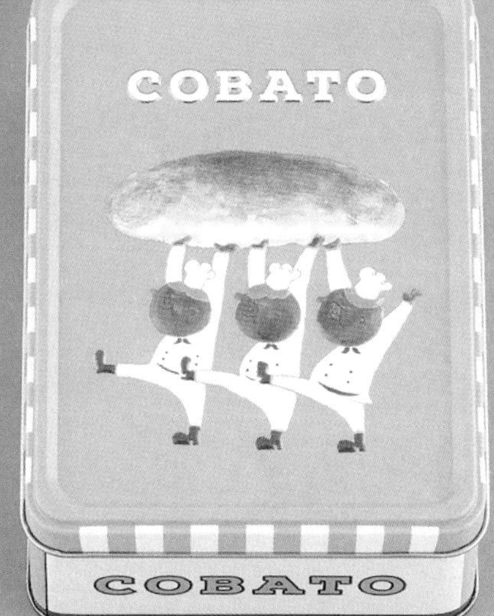

COBATOスペキュロス缶1620円、COBATOビスキュイ缶2484円

「コバトパン工場」の
COBATOスペキュロス缶・ビスキュイ缶

COBATO CAN 10

缶の歴史

明治〜大正

1871年 日本初の缶“イワシの油漬け缶”が誕生。

1877年 北海道・開拓使石狩缶詰所でサケの缶詰が製造。

1904年 日露戦争中、粉しょうゆを入れる1ポンド缶、乾パンを入れるブリキ缶などが作られた。

1909年 お菓子、海苔、お茶を入れる容器としてブリキ缶が世の中に広まる。

海苔の入ったブリキ缶。1914年10月1日に新設された「三越食料品部」の文字が見える。

昭和初期

1941年 太平洋戦争の勃発により、製缶会社などは軍需工場の指定を受け、乾パンや砲弾薬を入れる缶の製造に移行。民間で使われていた缶は、紙製や木製のものに変更。

1952年 お菓子の缶が約10年ぶりに市場に復活。以後、製缶業界の主力商品となっていく。

1954年 「明治製菓」が日本で初めて飲料缶を製造販売する。

ふたがブリキで本体が紙でできたお菓子缶は1950年代に非常に多かったもの。この「かつをぶし飴」の缶もその1つ。

昭和中期

1954年 製缶会社「金方堂松本工業」がりんご型缶を意匠登録する。

現在ではめずらしくない、こうした“形状缶”も1954年に“金方堂”がりんご型缶を完成させたことで姿を現し始めた。

和菓子「とらや」の代表的なようかん「夜の梅」も、昭和中期には“コンビーフ缶”のように“巻き取り鍵”がついた缶に入って売られていた。現在はコンビーフ缶も刷新され、“巻き取り鍵”はついていない。

柿の種の元祖・新潟「浪花屋」の揚げあられ「サラピーナ」。現在は袋タイプのみだが、昭和中期にはかわいらしい缶に入っていた。

1958 年 日本で初めて缶ビールが製造される。

1960 年 おこし、柿の種、ドロップなどを入れる缶の製造が盛んになる。

昭和後期

ベトナム戦争が始まり混沌とした中、日本は高度成長期真っ只中

1965 年 土産もの缶・お中元・お歳暮缶の需要が高まる。

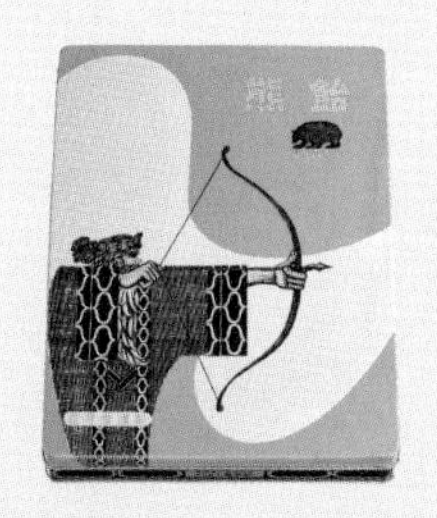

150年以上の歴史を持ち、北海道小樽市にあった「花月堂」の「熊飴」。今見ても、無駄なものがそぎ落とされたシンプルな図案とクールな色使い。

現在も伊豆大島の銘菓である「牛乳煎餅」の古い缶。現在は大島椿ではなく、牛のイラストが描かれた缶で売られている。

今も鎌倉土産として、お中元・お歳暮の定番商品として人気の「鳩サブレー」の昭和後期の缶。フォントや鳩の形が今とは違う。

150 年以上作られている青森の名産「津軽飴」の缶。現在はねぶた祭の写真が使われた缶だが、当時は絵だった。

平成〜現在

2010 年頃は K-POP アイドル「少女時代」やマキシワンピが流行り、“かわいい”という価値観が最高潮に達した

2010 年頃〜 “かわいい缶菓子”ブーム到来。
菓子店だけでなく、雑貨店などにも置かれるようになる。
大きなサイズの缶がなりを潜め、小さいサイズの缶が人気を博す。

缶のトリビア7

1　100％近いリサイクル率

びんなどに比べ、缶のリサイクル率はほぼ100％。素材が鉄なので、磁石にくっつくため選別しやすく、何度でもリサイクルできる秀逸な素材。また、鉄には独自のリサイクルルートがあるため、リサイクル費用に税金を使ったり、消費者負担を課することがない。

2　缶菓子が多い県はダントツ東京！

正確なリサーチではないが、製缶会社が“肌で感じる印象”として、ダントツに多いのはやはり東京。次点は、「モロゾフ」「ユーハイム」「アンリ・シャルパンティエ」などお菓子の名店がそろう、神戸のある兵庫県。そして名古屋、北海道と続くという。

3　湿気から守ってくれる最強の缶は“海苔の缶”

中身を食べ終わったあと何かと缶を再利用している人も多いはず。中でも海苔の缶は、ほぼ100％湿気が入り込まないよう、溶接して作られており、湿気らせたくないものはぜひ海苔の缶に入れてほしい。紅茶やコーヒーの缶は、実はそこまで湿気対策を考えて作られていない。

4　シールは「エタノール」を使ってはがす

食べ終わったあと缶の裏に貼ってある「原材料シール」をはがす際、いちばんきれいに取れるのが薬局に売っている「エタノール」。
コットンなどに染み込ませ、シールをこすり取っていく。
撮影スタジオなどでは必ずこの方法ではがす。

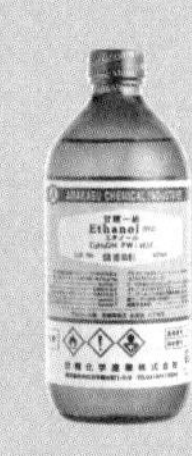

スタジオには必ず常備している「エタノール」。

5　年間200～300種類の新しい缶が登場

製缶会社「金方堂松本工業」が把握しているだけでも、年間200～300種類の新しい缶が作られていると言う。これはもちろんお菓子だけでなく、業務用の缶や粉ミルク、入浴剤や海苔、コーヒーが入った缶なども含まれる。

6　40～50項目のチェックを受けて世の中へ

海外で製造された缶と日本で製造された缶、何が違うかというとまず安全性。角がとがっておらず、日本ならではのクオリティを誇る。現場では商品として売りに出されるまで40～50項目ものチェック項目を機械ではなく人間がやっている。

7　“男の業界”だった製缶業界

昔はお菓子屋のご主人にしても、パティシエにしてもほとんどが男性だったため、
そこから発注を受ける製缶業界も男性がほとんどだったという。
ところがここ数年、女性も増えてきて、“女性ならでは”の感性で
デザインした缶がヒットにつながってきている。

PART 2

名店のお菓子缶の歴史

「銀座ウエスト」「ヨックモック」「泉屋東京店」etc.
日本人なら聞けばわかる
お菓子の名店の缶の歴史に迫ります。

YOKU MOKU

品あるデザインの缶を牽引してきた「ヨックモック」

半世紀以上にわたり日本人に愛されてきた焼菓子「シガール」を生み出した「ヨックモック」は、1969年に誕生。「実家で祖母が裁縫の糸入れにしていた」「物置きにあった」という逸話に事欠かない缶の1つ。初代の缶は、現在のシンプルモダンな缶とは違い、スカイブルー地に金色の唐草模様が描かれた非常に華やかでエレガントなものだった。この初代の缶についてはあまり文献が残っていないものの、18世紀にヨーロッパで流行した壁紙にインスピレーションを得てデザインされたものではないかと言われている。当時は「シガール」のみならず、ほかの焼菓子もすべてこのパッケージ缶で統一をしていた。

1972年
木蓮缶の誕生

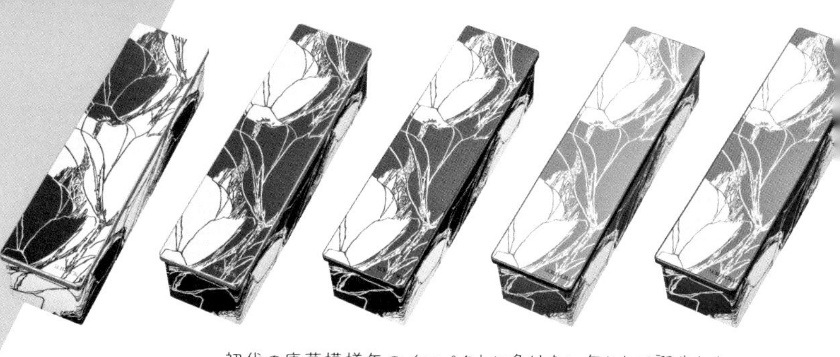

初代の唐草模様缶のインパクトに負けない缶として誕生したのがこの木蓮缶。「チョコレートシガール」をはじめ、さまざまなクッキーに使用された。大胆でありながらもおおらかな木蓮のデザインとこの微妙なニュアンスカラーの美しさ（製缶会社はこの色を出すのにそれは苦労したと聞く）は当時、多くの女性たちの心を捉え、贈答品としても人気を博した。私の母もこの木蓮缶が好きだった1人で、つい最近まで裁縫道具入れとして大切に使っていた。2019年、「50thアニバーサリー」では、1980年頃に使用していた織柄と木蓮のデザインを復刻した限定シガール缶を期間限定で発売。多くの反響を呼んだ。

1974年
二代目シガール缶の登場

「シガール」の原材料配合変更による改良に合わせて缶のデザインも刷新。通称"織柄缶"は、織柄のパターンをテーマにしてデザインされた。このデザインは以後、17年間使われ「シガール」のイメージとして定着した。

普段は目にしないレアな缶

〈上〉「渋谷スクランブルスクエア」の展望階45F、46Fにある「SHIBUYA SKY SOUVENIR SHOP」で購入できる、アーティスト・イラストレーター松本セイジ氏とのコラボ缶。「SHIBUYA プティ シガール」1080円〈下〉東京都と民間事業者が共同で実施する「東京おみやげプロジェクト」から生まれた「東京クッキーアソート」1620円。デザインは「HAKUHODO DESIGN」の永井一史氏による。東京駅などで購入可。

1991年
現在のパッケージに

この年、大規模な規格変更によりパッケージも一新。「やさしく、やわらかく、あたたかく、光を発する」をテーマに新たなデザインに。今年でこのデザインも30年目を迎える。

豊島屋鎌倉本店に残る、いちばん古い「鳩サブレー」の缶。現在のA4サイズの缶に比べると少し小ぶり。この手作りの缶は、1941年まで使われていた。実は豊島屋本店は、1923年に起きた関東大震災で多くの資料を消失。そのため現存する過去の資料などはわずかしか残っていないという。この缶は、鎌倉本店2Fにあるギャラリー「鳩巣」で今でも見ることができる。

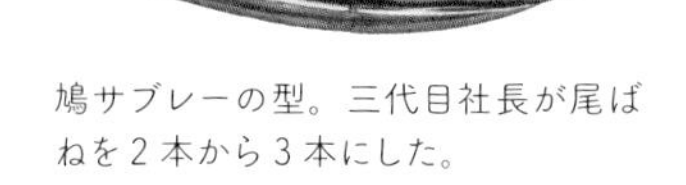
鳩サブレーの型。三代目社長が尾ばねを2本から3本にした。

デザイナーたちの心を今もつかむ、豊島屋のミニマリズム

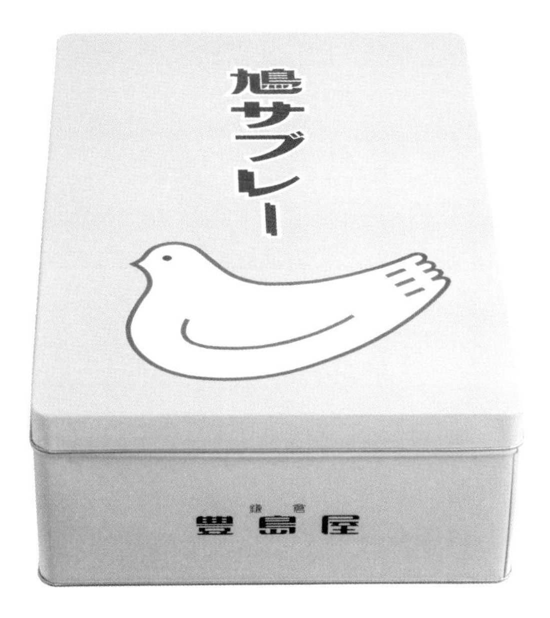

ある著名なデザイナーに「日本でいちばん優れたデザインの缶は何ですか?」と聞いたことがあり、その答えは「鳩サブレーの缶」だった。究極のシンプルさとプリティカルな形。それだけで表現している缶は他にない。現在の缶は三代目社長・久保田雅彦氏によるもの。昭和30年代『モダンパッケージング』という洋雑誌を読むのが好きだった氏は、昭和32年頃、バターの溶けかかった色をメインカラーに採用。鳩の部分はサブレーの抜き型や焼いたサブレーを置いてみたもののおもしろくなく、最終的に赤い目をした白い鳩のイラストにした。「黄色だけだと冷たい感じですが、クリーム色だから温かみが感じられるでしょう?」という氏のインタビューでの言葉が残っている。
鳩サブレー缶入り(25枚)3240円

125周年記念缶・「鳩サブレー1枚入り缶」

豊島屋は2019年に開業125周年を迎え、この年、記念缶と8月10日の「鳩の日」には、鳩サブレーを割らずに持ち歩ける「鳩サブレー1枚入り缶」を発売(金と銀は本店限定。通常版は一部デパートで取り扱い)。各所で長蛇の列となり、ニュースにもなった。

大正10年からある菓子「小鳩豆楽」の缶は紅白のごくシンプルな丸缶。文字は誰が書いたものなのか、今となってはわからない。
小鳩豆楽缶入り648円

銀座ウエスト

母の日用のギフトとして誕生した"スプリング＆サマー缶"

東京・銀座にある1947年創業の老舗洋菓子舗「銀座ウエスト」。1950年代には店内に大型蓄音機を設置するなどただの喫茶室ではなく、"文化的なサロン" としても高い人気を誇っていたが、1962年、2年後に開催される東京オリンピックのため西銀座地下駐車場の工事がスタート。その影響で客足が激減。何とかしなければとクッキー（※1）を缶に入れて銀座界隈の料亭に売り始めたのが「ウエスト」の缶入りクッキーの始まりだった。2010年に長い間使われたきたベージュの缶は紙箱に変わったが、その代わりに2014年に誕生したのが毎年4月1日（※2）に発売される"スプリング＆サマー缶"。当初は母の日用のギフトとしてのみの販売だったが、あまりに短い販売期間のため「これでは買えない」という声を受け、初夏まで販売するように。母の日に花を贈る習慣があることから、缶に使う絵は必ず花が描かれたものを使用している。

※1 1962年頃より、クッキーではなく現在の「ドライケーキ」という商品名になった。「クッキーとは別のネーミングがいい」と先代が名づけた。
※2 初年の2014年と翌年の2015年のみ「スプリング＆サマー缶」は5月1日の発売だった。

2014年

はじめて発売された母の日用のギフト缶。これがのちのスプリング＆サマー缶になる。缶に使用された絵はルノアールのもの。

2015年

アール・ヌーヴォーを代表する画家の1人である、グスタフ・クリムトの「Farm Garden with Sunflowers」を使用。

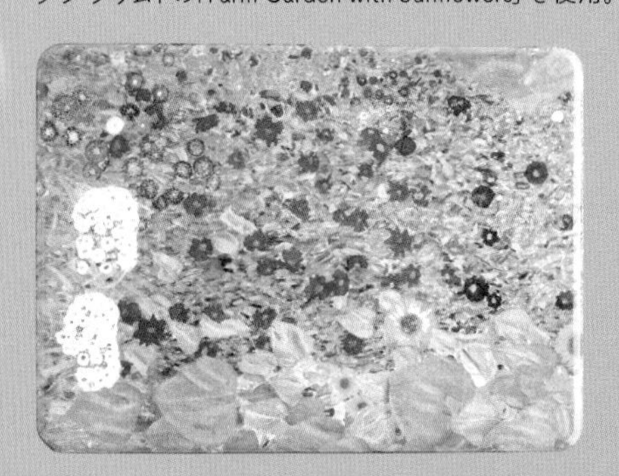

2016年

18世紀に活躍したイギリスのテキスタイルデザイナーで版画家、植物画家でもあったウィリアム・キルバーンの作品。

2017年

2016年に引き続き、花柄のテキスタイルデザインを得意としたウィリアム・キルバーンの「Wild Flowers desigh for silk material」を採用。

2018年

花を題材とし、はかなく繊細な色合いで描くイギリスの水彩画家カレン・アーミテージ。この年は彼女の春らしさあふれるスイートピーの絵を採用した。

2019年

イギリスの宝飾デザイナーであり、水彩画家でもあったエラ・ナパーの「Spring Flowers in a Bowl」をふた部分に採用。それまでは側面もすべて絵を使っていたが、この年だけは別途改めてデザインされ、ボウルの柄と同じ鮮やかなブルーのストライプになった。

2021年

有名画家による特定の絵画を使用せず、オリジナルのミモザのデザインに。白をベースとしたやわらかな色合いとデザインは2019年以降継承されている。

2020年

初めて製缶会社のデザイナーによるオリジナルデザインを採用。アネモネの花が全面に描かれた温かみのあるやわらかなデザインの缶に仕上がった。

ウィンター缶

2014年、のちのスプリング&サマー缶となる花が描かれた母の日用ギフト缶が発売され、非常に好評を博した。そのため、同じ年の11月1日に初のウィンター缶を発売。販売期間がホリデー&ギフトシーズンということもあり、今やスプリング&サマー缶を超える数のコレクターたちがいる人気商品だ。毎年、ヨーロッパやアメリカの画家たちが描く冬の情景をモチーフにしているが、並べてみるとすべて違う画家の絵にもかかわらず、きちんと統一感があるのが“ウエストのぶれないセレクト”を感じさせる。

2015年
エマ・ハワース
「Ice Skaters, 2014」

2014年
ミルトン・グルーバード
「Shopping in the Snow」

2016年
ボブ・フェア
「After the Storm」

2017年
マグドルナ・バン
「On the Frozen Lake」

2020年
ミッシェル・ドラクロワ
「Unforgettable Evening」

2019年
ジュディ・ジョエル
「Skating Rink, Central Park」

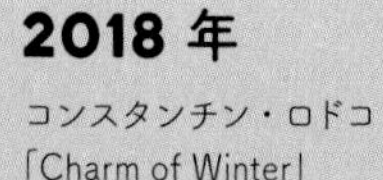

2018年
コンスタンチン・ロドコ
「Charm of Winter」

限定缶

東京・日野市に工場がある「銀座ウエスト」と日野市出身の版画家・蟹江杏氏のコラボ缶は 2019 年に数量限定・日野工場直売店限定販売だったが、同年 11 月には日野市ふるさと納税返礼品になった。2021 年には第 2 弾が発売された。

第 1 弾は蟹江氏の過去の作品十数点の中から、日野市の鳥・カワセミを扱った作品を使用した（現在終売）。

2021 年第 2 弾として発売された缶は、蟹江氏の絵本「夏の夜の夢」の中の「美しきティターニア」がモチーフになっている。

2015 年に発売されたボタニカルアート缶。スプリング＆サマー缶とはまた違った夏らしい缶があればと、涼しげなボタニカル柄を採用した缶が作られた。

2020 年より、バレンタイン・ホワイトデー限定の缶も登場。2020 年は青とピンクのスイートピー。

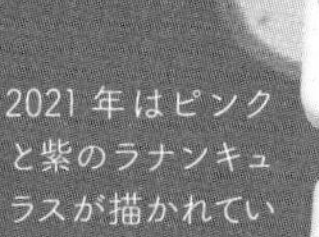

2021 年はピンクと紫のラナンキュラスが描かれている。

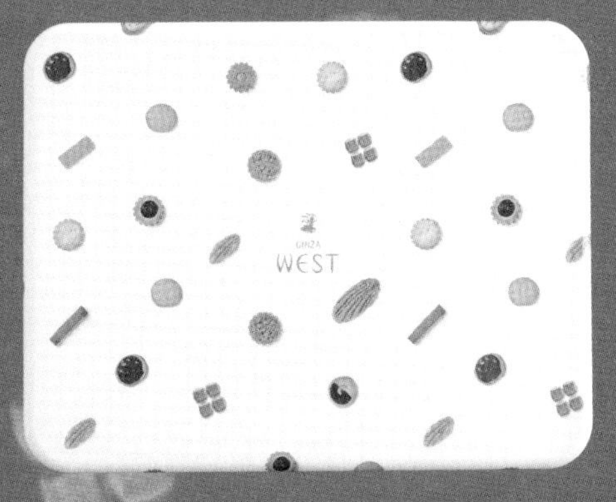

2019 年のバレンタイン用として発売されたクッキーアイコン柄の缶。クッキーアイコン柄は、2017 年の創業 70 周年の際に登場し、周年記念のラッピングバスや商品購入者に渡すマスキングテープ・付箋に使われた。

泉屋東京店

シンボルマークの“浮き輪”に込められた創業者の思い

「泉屋東京店」が誕生したのは今から94年前（2021年現在）。あるときいちばん人気を誇る“リングターツ”のクッキーを見た子どもが「浮き輪みたい」と言ったことからシンボルマークに。荒波に遭っても沈まず、人命を助ける浮き輪のようにクッキーを通して社会の役に立ちたい。このマークにはクリスチャンでもあった創業者夫妻のそんな思いが込められている。泉屋東京店の缶クッキーが登場したのは1940年代。円筒形の缶も1965年頃から売られていたが、昭和の時代のうちに一度販売を終了。今から18年ほど前の「日本橋京橋まつり」で日本橋三越本店で限定リバイバルとして販売したが、あまりの人気に2005年正式に再販となった。尚、浮き輪ではなく“日の丸”という説もあり、コーポレートカラーである紺と白と合わさることで“夜明け前の日が昇るところを表している”とも言われている。

泉屋東京店に残る「スペシャルクッキーズ」最古の缶。スクエア缶は1950年頃のもの、円筒缶は1965年頃のものと思われる。今と変わらないデザインと形は、当初からどれだけ完成されたデザインだったかを物語っている。

スナップクッキーズ缶変遷史

ひと口サイズの「スナップクッキーズ」も50年前からある、泉屋東京店のロングセラー商品。初代はブルーとイエローのクールな配色に世界地図が描かれ、泉屋東京店のエンブレムが印象的に配置されている。エンブレムはシンボルである浮き輪を2頭のユニコーンが支え、頂点に咆哮する獅子がいる。ヨーロッパを思わせるこのエンブレムは、創業時から今も変わらない包装紙にも似たものが描かれている。

初代スナップクッキーズ缶

二代目

40年ほど前に二代目缶にリニューアル。円筒缶だったものが四角い缶になった。現在、泉屋東京店にもピンク缶とグリーン缶しか残っていないが、当時はイエロー缶もあった。初代と同じく缶全体に世界地図が描かれている。

現在

80周年を迎えた2007年、2度目のリニューアル。初代缶に再度近づけた形となったが、色はなじみやすいピンク、ピスタチオグリーン、パープルの3色が採用となった。エンブレムも初代缶と同じものを使用。

今でこそ浮世絵がお菓子の缶ぶたにデザインされた商品はめずらしくないが、15、16 年前にはなかった。古くから「タカセ洋菓子」の東郷青児缶(126 ページ)や「赤い帽子」(127 ページ)の缶など洋画を施した商品はあったが、“日本の絵”を使ったものはなかったのだ。しかし「何か今までとは違う商品を作りたい」という思いから、日本文化の象徴である“浮世絵を使ったシリーズ”第1号が生まれた。第1弾は歌川広重の「名所江戸百景」の1つ「する賀てふ」を使用。左右に描かれた商家は現在の三越(越後屋)である。そのため三越のみの限定販売となった。この第一弾が大当たりし、その後“室町シリーズ”としてさまざまな浮世絵缶が誕生した。

いち早くデザインに浮世絵を取り入れた先見の明

面長猪首(いくび)の美人画を得意とした歌川国貞(この絵は香蝶楼国貞名義)の「越後屋美人三人」の一部を使用。粋で艶っぽい江戸美人が描かれた華やかな缶。2012 年発売。

幕末から明治初期にかけて活躍した絵師・柴田是真(ぜしん)の「四季花鳥図屏風」を使った缶。品格ある美しさが印象的だ。2019 年発売。

夜明けに 2 羽の丹頂鶴が富士山に向かって羽ばたいていく姿と水場に残る鶴たちのくつろぐ姿を描いた葛飾北斎の「冨嶽三十六景〈相州梅澤左〉」を使用。2019 年発売。

“アート缶”は全 2 種類

現在は“アート缶”という名称に変わり、葛飾北斎の「冨嶽三十六景」〈神奈川沖浪裏〉と〈凱風快晴(がいふうかいせい)〉を使用。どちらもダイナミックな構図とシンプルな配色が印象的。売り場でも異彩を放っており、非常に目立つ。

赤富士アート缶 1296 円

波アート缶 1296 円

“クリスマス缶” の始まりはここから

2006年クリスマス限定商品として、グラフィックデザイナーであり、日本におけるモダンデザインの先駆者でもあった杉浦非水(ひすい)氏のサンタクロースの絵を缶ぶたに使用したクッキー缶を三越限定で発売。この絵は1900年代前半、当時の三越呉服店の嘱託デザイナーであった非水氏が今でいうPR誌『三越』の表紙のために描き起こしたもの。この“非水のサンタクロース缶”は当時大変な話題となり、これがある種のきっかけとなり、2009年から現在まで続く爆発的なヒット商品の誕生へとつながっていく。

尚、おもしろいことにこの“非水のサンタクロース缶”、アート缶シリーズのきっかけとなった広重の「する賀てふ」缶ともに同じ人物（A氏とする。A氏については後述）が発案した。

2009年〜現在

これがA氏が見つけてひと目ぼれしたポストカードに描かれていた"雲の中を歩くサンタクロースの絵"。この絵が使われた缶は2009年から現在まで毎年販売されている。
〈泉屋〉クリスマスクッキーズ 1296円

2009年、"サヴィニャック缶"が誕生

"非水のサンタクロース缶"から3年後。ヒットを飛ばし続けてきたA氏（現泉屋東京店・専務取締役）がさらなる商品開発を模索しているときだった。東京・代官山のクリスマスグッズ専門店「クリスマスカンパニー」で1枚のかわいらしいサンタクロースが描かれたポストカードに出会った。当初はその絵を誰が描いたかも知らないまま、A氏は「ぜひこの絵を使ったクリスマス限定のクッキー缶を作りたい」と思い、「クリスマスカンパニー」と交渉。これがきっかけとなり2009年、同店と泉屋東京店のコラボレーション商品である通称"サヴィニャック缶"が誕生した。絵の作者はかのフランスのポスター画家、レイモン・サヴィニャック。この絵は「クリスマスカンパニー」のために1999年に描き下ろされたものだった。

2009年

"雲の中を歩くサンタクロース" のほかもう1種発売。こちらはサンタクロースが全面スタンプのように印刷されたバージョン。1人だけゴールドのサンタがいる。

2010年

白を基調とし、サンタクロースがより際立ったデザインに。11個ある缶の中、唯一ひいらぎが描かれた「クリスマスカンパニー」のロゴが入っておらず、社名だけが印刷されている。

2011年

缶の上下に施されたサンタクロースが左から右、右から左へ大きくなるユニークなデザイン。この年は東日本大震災があり、スクエア缶は発売されたが円筒形缶の販売は見送られた。

2012年

赤いアウトラインが効いたデザイン。背景にはダイヤ模様が描かれている。円筒形の缶の背景は、ひいらぎと赤いドットで彩られており、この模様は2011年と同じである。

2013年

赤い地の部分に雪の結晶が舞う、冬らしいひと缶。この年からその年の年号が印刷された"イヤー缶"の販売を開始。その年の記念になることから、イヤー缶も多くのコレクターがいる。

2014年

"クリスマスフラワー" とも言われるポインセチアを全面にあしらったデザイン。この年、円筒形の缶は2種類。缶ぶたがシルバーのものはポインセチアの葉もシルバーになっている。

2015年

例年のサンタの後ろには水玉、チェック、千鳥格子柄の衣装を着たサンタたちが描かれている。同じ方向を向いているのでサンタクロースの行進にも見える愛らしいデザイン。円筒形の缶は1種に。

2016年

クリスマスリースに使われるひいらぎの葉を全面にデザイン。ひいらぎの葉の間には小さなサンタたちもあしらわれている。この年は円筒形の缶を2種類発売。

2017年

雪の結晶で作られたクリスマスツリーの上にサンタを配置。2014～2016年とにぎやかなデザインが続いたがこの年はぐっとシンプルに。前の年に続き、円筒形の缶は2種類発売。

2018年

星図をあしらった夢のあるデザイン。2014年以降、久しぶりにサンタが大きくプリントされたものになった。円筒形の缶は赤×グリーンのクリスマスカラーを使用。

2019年

2年続いたシンプルなデザインを経て、また少しにぎやかなデザインに。クリスマスのオーナメントとサンタの組み合わせはクリスマス感たっぷり。円筒形の缶の販売はなし。

2020年

赤、白、シルバーで構成されたデザインが続いた2017～2019年からがらりと雰囲気を変え、心機一転グリーンやイエローを用いたグラフィカルなデザインになった。

2013 年、初の伊勢丹オリジナルクリスマス缶。

2020 年のバージョン。

伊勢丹限定バージョンも見逃せない

「クリスマスカンパニー」×泉屋東京店のクリスマス限定“サヴィニャック缶”は、発売年の2009 年から異例の人気を博し、同年には伊勢丹限定で同じくサヴィニャックのサンタが描かれた紙箱入りのクッキーが販売された。この紙箱は 2012 年まで続き、2013 年からは伊勢丹限定バージョンの缶が毎年発売されるようになった。通常の“サヴィニャック缶”と伊勢丹限定バージョンの違いは、必ず伊勢丹オリジナルの柄であるマクミラン/イセタンのタータンがどこかに使われていること。

伊勢丹オリジナルクリスマス缶 1296 円

手頃な値段も魅力。ニューイヤー缶から盲導犬アート缶まで幅広いデザインがそろう

2016年より毎年、前年12月15日～1月5日まで販売される"ニューイヤー缶"。おめでたい色である赤や金を基調に新年にふさわしい鶴や扇など縁起物が描かれている。
ニューイヤー限定デザイン缶 1296円

2020年より毎年1月15日～2月14日まで販売されるバレンタイン缶。ホワイトデー缶は2016年からある。こちらは2月15日～3月14日まで販売。
バレンタイン限定デザイン缶・ホワイトデークッキーズ各 1296円

2007年、創業80周年を記念して昭和40年代に人気を集めたモダンなパッケージを復刻。雅で華やかなデザインは時代を感じさせる。クッキー47枚が入った大缶。
プレミアムクッキーズ 9種類の詰合わせ 3402円

2019年より毎年9月1日～10月31日まで販売されるハロウィン缶。秋らしいハロウィンカラーとカントリーテイストのイラストが合わさった愛らしいデザイン。
ハロウィンスペシャルクッキーズ 1296円

盲導犬アート缶
ブルー
1512円

売り上げの一部が寄付される「盲導犬アート缶」

2016年よりシリーズ化されている「盲導犬アート缶」。「『泉屋東京店』のファンの方にも盲導犬応援の輪を広げたい」という「一般社団法人　盲導犬総合支援センター」からの呼びかけから取り組みがスタート。この商品の売り上げの一部は支援センターを通じ、補助犬の育成及び障害者の社会参加の支援活動に役立てられる。チャリティにもつながるお菓子のクッキー缶は私が知る限り、日本にはこれしかない。イラストレーターのセツサチアキさんがイラストを手がける、支援センターオリジナルのデザイン缶。現在の缶は6代目。新デザインが登場するたびにSNSなどで話題になる缶だ。

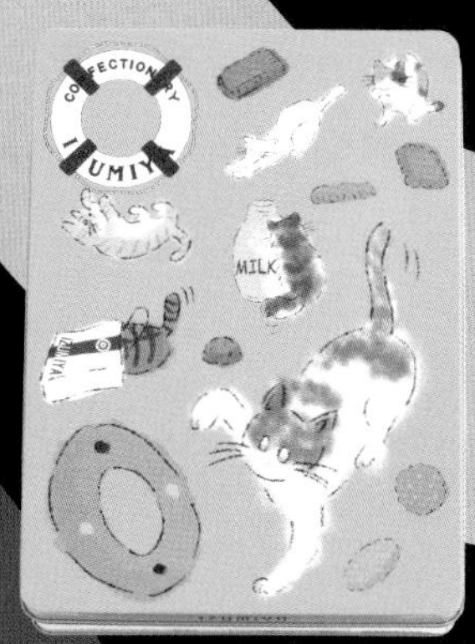

2021年4月には「ねこ缶」を発売。こちらも盲導犬アート缶と同じセツサチアキさんがイラストを手がける。1512円

不二家

「不二家のチョコレート（復刻デザイン缶）」は、990円。「ミルキー」のパッケージと同じ赤い缶には、1960年頃のペコちゃん、ポコちゃんのイラストが描かれている。刻印されている「1951年」は「ミルキー」が発売された年である。

「西洋菓子舗 不二家」でしか購入できない復刻缶

1910年、横浜元町で創業した不二家は、去年2020年に110周年を迎えた。2019年には創業当時の不二家洋菓子店をオマージュした「西洋菓子舗 不二家」をオープン。この「西洋菓子舗 不二家」はチェーン店舗にはない限定商品を数多く取り揃えていることが特徴。中でもレトロなデザインの「不二家のチョコレート（復刻デザイン缶）」と「復刻 フランスキャラメル缶」の2つの缶は、発売時、そのレトロなかわいらしさと懐かしさから缶マニアたちの間で非常に話題となった。

※「西洋菓子舗 不二家」は現在、日本橋三越本店、銀座三越、ジェイアール京都伊勢丹など計6店で営業中（2021年9月現在）。

1934年に発売した「フランスキャラメル」。販売当時は紙箱だったが2019年缶として数量限定復刻。缶に描かれた女の子は発売当時、子役として世界的に人気だったシャーリー・テンプルをモデルにしたと言われている。880円

マニュアルが誕生するまで さまざまなペコちゃんがいた

ペコちゃんは1950年、不二家の店頭人形としてデビュー。2020年デビュー70周年を迎えた。その人気は衰え知らずで、“ペコマニア”と言われる人たちが存在するほど。70周年記念で出されたペコちゃんが描かれた缶菓子の中にはすぐに完売してしまい、あっという間に店頭から消えてしまったものもある。実はペコちゃんは、1980年代に入るまでマニュアルがなく、そのためイラストも人形もさまざまなテイストのものが存在する。また、年齢も1958年に“永遠の6歳”と決まるまでは、大人っぽいものから赤ちゃん姿まであった。

中に「ミルキー」が入った缶ドリンク型の缶にさまざまな時代のペコちゃんが印刷されたものも、ペコちゃん70周年記念の2020年に発売された。全12種類あった（現在終売）。

2020年、不二家110周年、ペコちゃん誕生70周年記念に合わせて作られたペコサブレ限定デザイン缶。こちらはさまざまな時代のペコちゃんが一堂に会した。マニュアルができる前のイラストも数多く使用され、今となっては貴重なペコちゃんを見ることができる。中でもめずらしいのがいちばん上の列・左から3番目の“赤ちゃん姿”のペコちゃんだ（現在終売）。

不二家の定番である「フェアリーランド」（「不二家洋菓子店」で販売しているお菓子の詰め合わせのこと）ペコちゃん誕生70周年記念缶。このペコちゃんは1970年頃の社内報の挿絵として使われていたものである（現在終売）。

今や貴重となってしまった大きな缶

〈左〉サイズは縦 33.9 ×横 22.3 ×高さ 15.5cm。鳩サブレー（44 枚入り）5400 円／豊島屋、〈右〉サイズは縦 36.1 ×横 29.5 ×高さ 7.1cm。赤い帽子（ゴールド・12 種 66 個入）3240 円（参考売価）／赤い帽子

現在発売されている缶の中で日本最大級と言われる「たぬき煎餅 89 枚入り」の缶（10800 円）。サイズは縦 35.5 ×横 35.5 ×高さ 11cm。この大きさの金型がないため完全オーダーメイド。注文が入ると職人が手作業で作りあげる、究極のスペシャル缶。

製缶会社の金方堂松本工業によると、2010 年頃までは大きな缶の需要が高かったという。なぜなら昔は“裸”で菓子を入れることが多く、防湿性に優れた缶である必要性があったからだ。
ここからは私の見解だが、私が幼かった 1970 ～ 1980 年代はまだまだ祖父や祖母と暮らしている大家族も多く、今のような核家族は少なかったため、お中元やお歳暮などで贈られてくる菓子は大抵が大きな缶に入っていた。しかし今の日本は核家族が主流。3 人家族で 30 枚も 40 枚もクッキーやせんべいを贈られても食べきれない。そのため核家族が完全な主流となったここ 10 年ほどは“小さな缶”の時代になっていったのではないだろうか。もちろん持ち運びの便利さも背景にはあるだろう。
そんな中、いまだ大きな缶を作り続けているところがある。贈答用として重宝されている。

PART 3

日本で買える外国のお菓子缶

日本のお菓子缶とはまた違った華やかさやデザインの魅力を持つ、外国のお菓子缶。日本で買える外国のお菓子缶を紹介します。

きっかけはアメリカ生まれの「CHARMS」の缶

私がお菓子缶の魅力にハマり、集めるようになったのはある1つの缶がきっかけだった。今から45年ほど前。3歳のときにスーパーで祖父に買ってもらったアメリカ・ニュージャージー生まれの「CHARMS（チャームス）」のキャンディ缶。この缶と出会ったときの感動は今でも忘れられない。何しろ当時、日本のお菓子といえば、「チップスター」や「ハッピーターン」が生まれたばかりで、こんなにも垢抜けておしゃれな缶菓子などなかったからだ。以来、内外問わず缶の魅力にハマり、しこたま収集する人生が始まった。
「CHARMS」の缶は今から14年前に販売終了。現在は袋入りのみの販売だが、貴重な過去の丸缶タイプが製缶会社・金方堂松本工業で見つかり撮影させていただいた。

〈左〉一時は復刻の計画もあったものの、未完に終わったが、当時のサンプル缶を宝商事の協力で撮影させていただくことができた。これが45年前、子ども心に衝撃を受けた“おしゃれな外国の缶”だった。
〈右〉祖父に買ってもらった「CHARMS」のキャンディ缶はいつしか紛失してしまったが、同じ「CHARMS」の“名犬ラッシー”の缶は今でも手元に残っている。

缶マニアたちの二大祭典
三越伊勢丹の「英国展」・「フランス展」

外国のお菓子缶の難点は“買いにくいこと”。なぜなら外国の缶菓子だけが一堂に会した店がなく、何箇所も回って探さなければならない。そのため私も「カルディコーヒーファーム」や「ディーンアンドデルーカ」「成城石井」に「明治屋」とはしごして探す。それが「英国展」「フランス展」は国こそ限られるものの、各国の缶が一堂に会すため、缶マニアにとっては見逃せない二大催事となっている。普段なかなかお目にかかれない缶も姿を現し、実際、目で見て買うことができる貴重な機会だ。尚、三越伊勢丹も缶商品に関しては一定の顧客がいるため、意識して取り入れているという。ただし「英国展」と「フランス展」では客層が大きく違い、「フランス展」であればアルザスやプロヴァンスなど地域色がはっきりとしたもの、「英国展」はロイヤルファミリーものと紅茶の缶が圧倒的な人気だという。例年は伊勢丹新宿店で4月にフランス展、10月に英国展を、日本橋三越本店では、10月にフランス展、9月に英国展を開催してきたが、2021年以降は会期の変更もあるため、事前にHPなどで確認を。オンラインストアでの開催もあり。

英国展での戦利品

1907年英国で創業の宅配専門の紅茶商「リントンズ」。創業当時は馬車で各家庭に茶を届けていたため、缶にも馬車が描かれている。2013年より「英国展」の常連だ。

2019年の英国展（日本橋三越本店）で購入したエリザベス女王の紅茶缶。ロイヤルファミリー関係の缶を入手したいときは、伊勢丹新宿店より規模が大きい、日本橋三越本店で開催される「英国展」がおすすめ。

宝商事のブースで購入した「ニューイングリッシュティー」のユニオンジャックプリントの蝶番缶（留め具がついたふた付き缶のこと）。

UNITED KINGDOM

ウォーカー
Walkers

世界120カ国以上で愛されるスコットランドの「Walkers」は1898年創業。いつの時代においても"世界一のショートブレッド"を目指し、1930年代、バターの代わりにマーガリンを使用する製造業者が出てきた際も一切の妥協を許さず、伝統的な"ウォーカー"のレシピを守ったという。
ショートブレッドとオートケーキ（オートミールが原料のパンにも似た焼き菓子）は英国王室御用達の栄誉を持つ。

エリザベス女王缶（現在終売）
"ウォーカー"のタータンとエリザベス女王がコラボした貴重なコレクション缶。「三越伊勢丹」の「英国展」などで販売されていた。赤を基調とした"ウォーカー"のタータンは、かつてスコットランド北部のスペイ・サイド一帯を支配した「グラン・クラン」のタータンである。商品に50年以上使用しており、もはや"ウォーカー"のアイデンティティと言っても過言ではない。尚、こうしたロイヤルファミリー缶でダントツの人気を誇るのがエリザベス女王だ。

タータンを使わないデザインは、イギリスの国旗であるユニオンジャックのほか、"ウォーカー"の故郷であるスコットランドのバージョンがある（47ページ参照）。
ショートブレッド ユニオンジャック 1296円

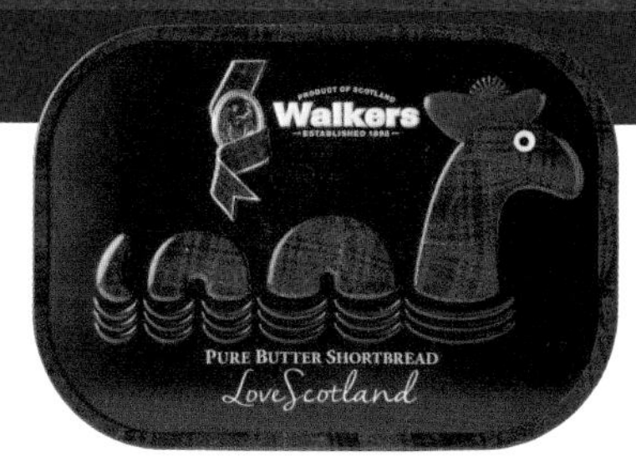

スコットランドのネス湖にいるとされる、世界的に有名な未確認生物・ネッシーをモチーフにしたほほえましいひと缶。ネッシーの部分にタータンが使われている。
ネッシー 1296 円（期間限定）

2021 年に発売された、ロンドン名物"ダブルデッカー（二階建てバス）"をモチーフにした缶。バスに乗る人たちの表情も豊かで、見ていてとても楽しい缶。
ロンドンバス 2376 円（期間限定）

国旗シリーズの1つである、スコットランド柄の缶。中央には国花であるアザミがあしらわれており、中のショートブレッドもアザミの型抜きがされている。
ショートブレッド スコットランド 1296 円（期間限定）

毎年大人気のホリデーシーズン限定缶。クラシカルなスノーマンが描かれた缶の中には、ふたにプリントされたスター、ツリー、ベル、サンタクロースのショートブレッドが入っている。クリスマスツリー缶は 2012 年よりホリデーシーズン（11 月）になると販売される風物詩的缶である。
〈左〉フェスティブショートブレット缶 2160 円、〈右〉クリスマスツリー 2592 円（ともに期間限定）
㊐三菱食品

スコットランド原産のスコティッシュ・テリアの缶。テリアの部分は凹凸のあるエンボス加工がされている。側面にも黒と白のテリアが交互に描かれているのがいい。
スコッティドッグ スクエア 2160 円

ニューイングリッシュティー
NEW ENGLISH TEA

ティーテイスターの先駆者として知られるイギリスの老舗紅茶メーカー「ブルックボンド」の創始者アーサー・ブルック氏。氏の直系の家族が1985年に創業したのが「ニューイングリッシュティー」である。缶は伝統的な製缶技術によって作られ、イギリスらしいクラシカルでエレガントなデザインが特徴的だ。さまざまなデザインがあるが、代表的なのはミントグリーンの缶。本国でもいちばん人気を誇る缶だ。

ヴィンテージヴィクトリアン（イングリッシュブレックファスト）1620円

ダークグリーンもある。同じ絵柄でも背景の色が変わるだけで印象ががらりと変わる。
ヴィンテージヴィクトリアン（アフタヌーンティー）1620円

1

2

3

1.2.3 2019年には壷のような形の缶も登場。基本のミントグリーンのほか、パープルとホワイトがある。ヴィンテージヴィクトリアン（ミントグリーン／イングリッシュブレックファスト、ホワイト／アフタヌーンティー、パープル／アールグレイ）各3240円

1

2

3

4

1 イギリスを代表する児童文学『不思議の国のアリス』のワンシーン「狂ったお茶会」のイラストを使用した缶。不思議の国のアリス（アフタヌーンティー、イングッリッシュブレックファスト、アールグレイ）3024 円　**2** 即位時と 2011 年オバマ大統領夫妻を迎えた日のクイーンエリザベス 2 世がプリント。故ダイアナ妃のバージョンもある。1620 円　**3** ロンドン名物・二階建てバスをモチーフに。ロンドンバス 1620 円　**4** ユニオンジャック柄の缶にはやはり目を惹く華やかさがある。1620 円

㊢宝商事

Churchill's
チャーチル

そもそもヨーロッパで菓子は紙袋かビニールに入れて売られているのが主流。お中元やお歳暮の習慣もないため日本ほど缶菓子の需要がなく、そのため海外旅行者が大幅に増えた80年代から観光客向けに見栄えのする缶菓子が作られ始めた。「チャーチル」も1984年ロンドン北部で創業。“観光客”を意識した商品が主流のため、どの缶も“英国らしさ”を全面に出したデザインが多い。

ポスト 2160円

ロンドンバス 2160円

「チャーチル」を代表する、3大赤シリーズ

英国を象徴するロンドンバス、ポスト、テレフォンボックスをモチーフにした缶は、創業時から40年近く愛されているロングセラー商品。非常にわかりやすいモチーフなのが逆に小粋。食べ終わったあと貯金箱として使えるようになっているのもいい。どれも全方位楽しめるようイラストが配されている。

テレフォンボックス 2160円

チャーチル・クラシカルコレクション

2000 年代に発売された「チャーチル」の缶だが、もはやノスタルジー。ほとんどのものが時代とともに輸入されなくなってしまい、ついには終売してしまったものもあるが、この愛すべきデザインはぜひ記憶にとどめてほしい。

音楽隊の扮装をしたクマの缶。2019 年頃販売していた。このほかにも本国英国の伝統的な礼装をした警察官や近衛兵の扮装をしたクマの缶もあった。

日本では 2000 年から販売しているロングセラー、フルーツキャンディ缶。それぞれバスケットに入ったフルーツやベリーがエンボス加工で描かれている、非常に精密に作られた缶で美術的な美しさを持つ。残念なことに現在は販売中止になってしまった。
ミックスフルーツ・サマーベリー

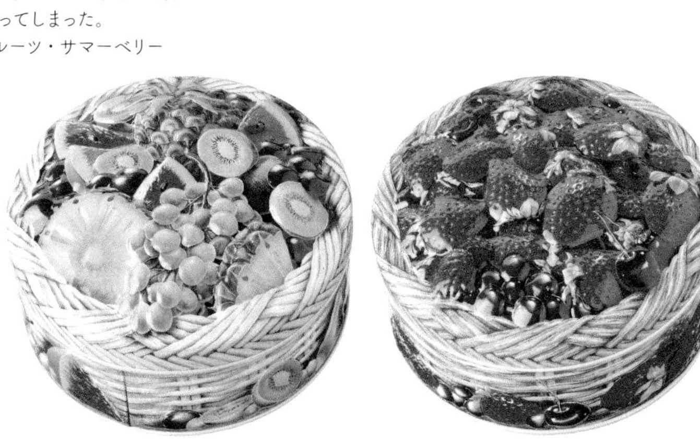

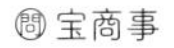

問 宝商事

Churchill's

2014年に発売された「カルーセル（メリーゴーランド）」は、今や「チャーチル」を代表する人気商品。夢ある形にエンボス加工が施された女心わしづかみの缶。芸術的な美しさも持つ。そのためギフト用品としても人気。それなりに値段もするが、精巧なデザインと作りを見れば納得。食のセレクトショップ「ディーンアンドデルーカ」やネットなどで購入可能。
カルーセル 3240円

「カルーセル」のあと2017年に発売された姉妹品。クラシカルな魅力にあふれる「カルーセル」とはまたがらりと雰囲気を変え、ブルーを基調とした鮮やかでより華やかな印象の缶。こちらはネットの方が入手しやすい。
マジカルカルーセル 3240円

サーカスの滑り台をモチーフにしためずらしい缶。“ヘルタースケルター”は「しっちゃかめっちゃか」などと訳されるが、「らせん状のすべり台」の意味もあり、有名なビートルズの曲「ヘルタースケルター」はこの“すべり台”の意味で使われている。
ヘルタースケルター 3024円

ウインターコレクション

毎年冬になると販売される「チャーチル」のウインターコレクション。本国ではサンタクロースやスノーマンの形をしたものや、クリスマスを思わせるポインセチアをモチーフにした缶などかなりの数のバリエーションがあるが、特注輸入のため入ってくる数はごくわずか。それだけに缶マニアにとっては希少価値がある。

スノーグローブコレクション

スノーグローブ（スノードーム）の形をしているのが、実に海外ものっぽい。写真のスノーマンのほか、サンタクロース柄がある。ノスタルジックな絵もクリスマスらしくていい。しかし残念なことに2021年は輸入の予定はない。
スノーグローブ

ヴィクトリア朝シリーズ

華やかな光沢ある赤いストライプの缶に、冬の情景がヴィクトリア朝タッチで描かれた美しい缶。クラシカルな雰囲気だが、発売されたのは2018年11月。2021年は輸入の予定はなし。
ヴィクトリアンファミリー、ヴィクトリアンフレンズ

問 宝商事

Churchill's

1

2

3

4

5

1 ノアの箱舟　**2** オーシャン　**3** ファームヤード　**4** フォレスト　**5** ネイチャーフレンド各 3024 円

アニマルシリーズ

動物園や水族館のスーベニールコーナーで売っていそうな、にぎやかでかわいらしいデザイン。海、森、ジャングル、農園などを背景にそこにいる動物たちを描いている。動物たちはすべてエンボス加工が施されており、非常に手が込んだ作り。ネットにもあるが、実店舗であれば「ディーンアンドデルーカ」に一部取り扱いがある。

今の日本ではまず見つかることのないテイストの、クラシックでファンシーな犬と猫のイラストが目を惹く。現行商品だが“レトロかわいい”部類に入る。祖母世代が「かわいい」と言うこと間違いなし。側面にも庭で戯れたり洗濯かごに入った犬や猫の姿が描かれているが、その設定の古さが逆に新鮮。
ガーデンパーティ 2430 円

㊫宝商事

カートライト & バトラー
CARTWRIGHT & BUTLER

1981年設立の英国ブランド。洗練されていながらも、どこか懐かしさと甘さを残したある種とてもイギリスらしい缶。日本では「ディーンアンドデルーカ」や「ザ・コンランショップ」などで購入可能。

ステム・ジンジャー・ビスケット缶、レモンショートブレッド缶各2592円／エクレティコス

キャンベル
CAMPBELLS

190年以上の歴史を持つスコットランド最古のショートブレッドブランド。しかし日本への輸入量が少ないため、滅多にお目にかかれない。赤いタータンチェックと猫のコラボ缶は日本に輸入された数少ない「キャンベル」の缶だった。「英国展」で入手。

ダンシングキャット（私物）

ネイビーゴールド　FARRAH'S　オリジナル・レモン・ファッジ 1296 円

ネイビーシルバー　FARRAH'S　オリジナル・ハロゲート・トフィー 1296 円

FARRAH'S（ファラーズ）

イギリスでは誰もが知る、1840 年創業のコンフェクショナリー・ブランド。1999 年、エリザベス女王が工場を訪れた際、長年家族でここのトフィーを楽しんでいることを女王が自ら明かした。そんな女王に愛されるトフィーの缶は、クラシカル。浮ついたところのない、ちょっと堅物なデザインがいい。バッキンガム宮殿の一室に置いてあっても確かに浮かない。空間になじんでいるのが想像できる。文字の部分はエンボス加工が施されている。

FARRAH'S　オリジナル・クリーミー・トフィー 1296 円

問 エクレティコス

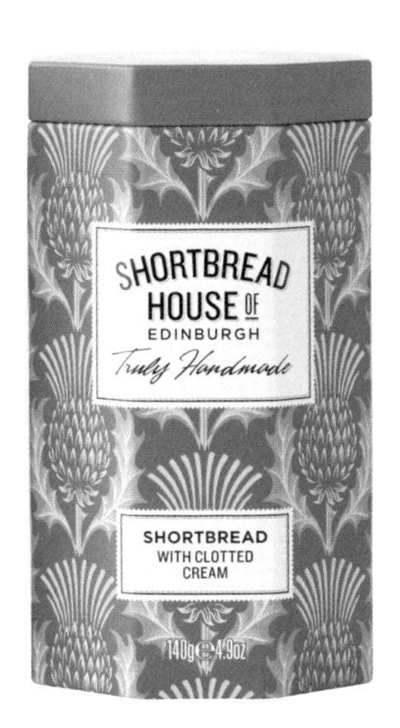

オクタゴナル缶（左から塩キャラメル、ホワイトチョコ&
ヘーゼルナッツ、クロテッドクリーム）各1080円

ショートブレッドハウス オブ エディンバラ

SHORTBREAD HOUSE OF EDINBURGH

英国ビスケット協会の会長であるレイン卿を父に持ち、“ベーカリー王朝”と呼ばれる一家に生まれたアンソニー・レイン氏が1989年に創業したビスケットメーカー。このブランドを代表するのが2018年に登場した八角形（オクタゴナル）の缶。円筒形の缶だと横に並べたとき転がるが、八角形だと転がらずきれいに陳列できるためこの形を採用したという。缶に描かれているのはスコットランドの国花であるアザミ。

2020 年

2019 年

毎年冬が近づくと数量限定で、ホリデーシーズン向けの「セレクション缶」が発売される。2019 年はエミリー・マッケンジー氏、2020 年はキャリー・メイ氏のイラストを使用。
セレクション缶各 2970 円

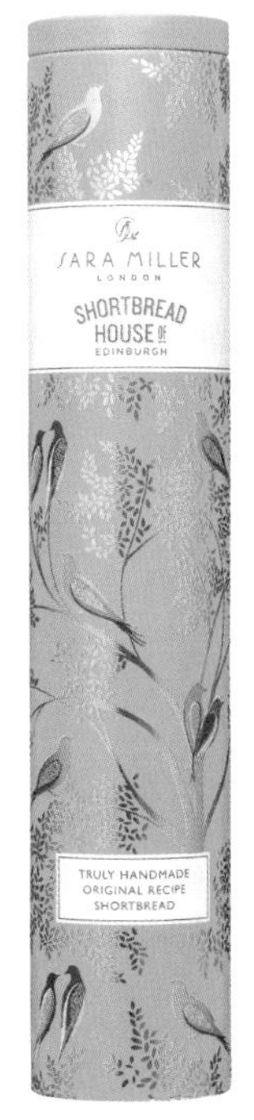

英国で人気のライフスタイルデザイナー、サラ・ミラー氏とタッグを組んだコレクション缶。オクタゴナル缶の約2．5倍の高さがある鮮やかな缶にイラストが描かれ、反物のような美しさを持つ。
サラ・ミラー缶（オリジナルレシピ、シチリアレモン、ステムジンジャー、ダークチョコレート、チョコ＆オレンジ）各 2700 円

㊐ プレスタ日本橋三越店

ガーディナーズ・オブ・スコットランド
Gardiners of Scotland

1949年創立。70年以上の歴史と英国では数々の賞を受賞した実績を持つスコットランドの伝統菓子であるファッジやバタースコッチを作り続けるブランド。日本には2010年に上陸し、ウェブや三越伊勢丹の「英国展」で出会うことができる。
さまざまな缶商品があるが、人気は背の低い円筒形の缶全体にエンボス加工が施された缶。中でも色とりどりのハチドリが描かれた「ハミングバード」は、華やかながらもエレガントなイギリス的配色が美しく、「缶はもはや美術品」だと最初に思わされた逸品。いまだこの缶を超える繊細で美しい缶は見たことがない。

ハミングバード　バニラファッジ1836円

ウッドランドワンダーズ　バニラファッジ

ファーム　クリームファッジ

カントリーガーデン　クリームファッジ

ブルーシー　ソルトファッジ

パンダ　バニラファッジ

レインフォレスト　バニラファッジ

精巧に缶に刻まれた動物たち

「ハミングバード」のほかにも動物シリーズのエンボス加工の缶は6種類ある。森、牧場、海、ジャングルなどを舞台に、それぞれ動物たちが描かれている。このほかにも同じ形の缶で、バラ柄や妖精柄、蝶々柄の缶もある。
各1836円

問 フィールドエスト

Gardiners of Scotland

グリム童話の1つである「ブレーメンの音楽隊」をモチーフにした缶。「ガーディナーズ・オブ・スコットランド」の缶の中でも非常にかわいらしい缶。こちらはエンボス加工はない。イラストは「ガーディナーズ・オブ・スコットランド」専属のイラストレーターによるもの。
ザ　カントリーキッチン　バニラファッジ 3888 円

ホワイトシリーズ

白地にさまざまな動物が描かれた缶のシリーズ。エンボス加工が施されている。犬やスコティッシュ・テリア、馬などの柄もあるが、めずらしい「ハイランド牛（写真左下・スコットランドに生息する牛で、正式名は「スコティッシュ・ハイランド・キャトル」)」をデザインしたものもある。200g 丸缶各 1836 円、120g だ円缶各 1512 円

アニマルファーム　バニラファッジ

ホース　バニラファッジ

ドッグ　バニラファッジ

ハイランドクー　バニラファッジ

スコティッシュドッグ　バニラファッジ

ユニオンジャック　バニラファッジ

サルタイア　バニラファッジ

国旗・フラワーシリーズ

この楕円形の缶も手のひらにのるサイズ感とデザインの美しさで人気。
中でもフラワーシリーズは女性人気が非常に高い。エンボス加工あり。
各 1512 円

パープルフラワー　バニラファッジ

ワイルドフラワー　バニラファッジ

問 フィールドエスト

グランマワイルズ
GrandmaWild's

1899 年創業のイギリスのクッキーメーカー「グランマワイルズ」。とんがったデザインというよりも、イギリスの古い絵本を思い出させるようなクラシカルな甘さを残したデザインの缶が多い。ネットショップや「カルディコーヒーファーム」などで見つけることができる。
初めてこの猫缶・犬缶を見たとき、申し訳ないけれど「この古いイラストが懐かしくてかわいい」と思ってしまった(笑)。しかしこちらの商品の発売は 2018 年 11 月。決して古いものではない。これこそが「グランマワイルズ」の魅力だと思っている。

猫缶、犬缶
各 2160 円
／宝商事

文句なくなごむ、ホリデーシーズン限定の缶たち

私物のため、詳細はわからないが、かなり前からホリデーシーズンになると「カルディコーヒーファーム」などで取り扱いが始まる「トイショップ」デザイン。クラシカルなおもちゃが描かれ、エンボス加工も施されている。紺と赤のコントラストも美しい。この缶が1000円台で買えるのが奇跡。

2018年からホリデーシーズンになると販売される限定缶。この缶を撮影したカメラマンが「すごくかわいい。今は見ないかわいさだから余計そう感じるのかな」とつぶやいていた。郷愁をさそう缶は数少なくなってしまったけれど、「グランマワイルズ」の缶はその生き残り。このタッチで描かれた雪だるまは、70年代、80年代には見かけたが今はほとんど見ない。それだけに愛おしさが募る。

スノーマンと小鳥、サンタクロースの休日　各1296円／宝商事

ラ・キュール・グルマンド
LA CURE GOURMANDE

1989年、フランス・プロヴァンス地方で設立されたスイーツショップ。缶に用いられた絵は、ブランドパートナーであるイラストレーターが新たに描き起こしたもので、19世紀後半に活躍した画家のモネ、ルノワール、セザンヌなどの「印象派」と同じ手法で描いているため“昔の絵画”のように見える。描かれたのは19世紀後半のフランスの暮らしや風景。“缶”というパッケージを通じ、お菓子だけでなくフランスのライフスタイル、人生を楽しむことの大切さを伝えられればという願いが込められているという。

いちばん人気の缶の色はレッド。購入する際、つけられたリボンの結び方にも美学を感じるのでぜひ見てほしい。
チョコレート・ビスケット缶 3250円

レモン・ビスケット缶 3250 円

アプリコット・ビスケット缶 3250 円

本国でも捨てずに再利用

家族でのピクニックやボート遊び、パリでの生活がそれぞれ描かれている。フランス本国でも、食べ終わったあとの缶は小物入れや筆記用具入れ、2020 年からはマスクケースとして再利用する人が多いという。

ピンク缶

ブルー缶

ピンクとブルーの缶は日本では通年販売商品ではないが、限定品としてときに売り出されることもあるレアもの。ガーリーさとはかなげな色が美しい。

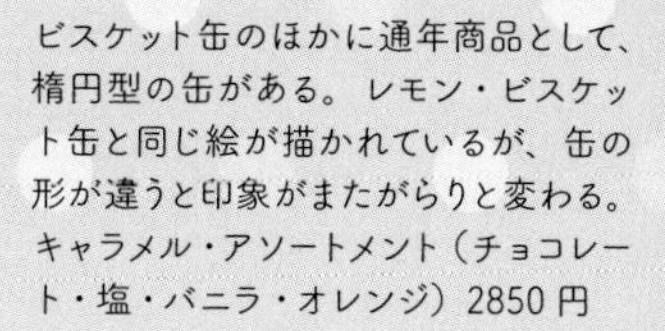

ビスケット缶のほかに通年商品として、楕円型の缶がある。レモン・ビスケット缶と同じ絵が描かれているが、缶の形が違うと印象ががらりと変わる。
キャラメル・アソートメント（チョコレート・塩・バニラ・オレンジ）2850 円

大麦のキャンディ　シュクル・ドルジュ・ルネッサンス
3564 円

シュクル・ドルジュ
Sucre d'Orge

“太陽王” と言われたルイ 14 世や、“ベル・エポック” を代表する女優、サラ・ベルナールを魅了したキャンディは、1638 年からパリ郊外にあるモレの修道女たちによって作られた。フランス革命があった数年間は製造中止となったが、その間もレシピは大切に守られ、1900 年代初頭には教会前の一角で販売が始まり、そこからフランスの国民的なキャンディとして名を馳せていく。このキャンディがいつから缶に入って売られるようになったかは不明だが、ルネッサンス缶のふたと小さい丸缶の裏に描かれたモレ・シュール・ロワンの街並みの絵は、シスターに寄贈された、モレの名士であったジョルジュ・ルサージュ氏（1856 ～ 1937 年）によって描かれた絵だという。

小さい丸缶のふたには天使のエンブレムが描かれている。シスターたちが住む修道院は“ノートルダムの天使”と呼ばれていたため、修道院への敬意を表し、デザインに天使たちが用いられた。
大麦のキャンディ　シュクル・ドルジュ 1026 円

㊐ エモントレーディングカンパニー

ラ・メール・プラール
LA MÈRE POULARD

この赤い缶は、「ラ・メール・プラール」誕生の地である宿屋開業120周年にあたる2008年に登場。ブランドカラーである赤を基調に、創業者アネット・プラールの写真や“モン・サン＝ミッシェル”の風景画、サブレがプリントされている。缶に描かれた文字と缶まわりを囲む植物を連想させるような独特の文様は、19世紀から20世紀初頭にかけて開花した美術運動“アール・ヌーヴォー”を取り入れたものになっており、そのためエンボス加工などしなくともプリント技術だけで美しい“装飾缶”に仕上がっている。

缶に描かれた女性は、このサブレの発案者であるアネット・プラール。アネットは1888年、夫とともに“モン・サン＝ミッシェル”を訪れる巡礼者たちのために宿屋を開業。さまざまな料理で温かく巡礼者をもてなしたアネットをいつしか人々は讃えるようになり、「ラ・メール・プラール（プラールおばさん）」と呼ぶようになった。
ラ・メール・プラール　コレクター缶サブレ1620円

ラ・メール・プラール　コレクター缶パレ
1620円

リミテッド缶は、エアラインの機内販売用に開発された商品。そのためコレクター缶に比べると小ぶりなサイズ。
ラ・メール・プラール　リミテッド缶サブレ864円

㊐ モントワール

バイオレット

アニス・ド・フラヴィニー

Les Anis de Flavigny

1591年から400年以上にわたり、ブルゴーニュ地方フラヴィニー村の修道院で作られているアニスシードを包み込んだ世界最古のドラジェ（糖衣菓子）。ドラジェは“幸福の種”とも言われ、結婚式でも配られるため、恋人たちの幸せを願って、缶には、羊飼いと少女のラブストーリーが描かれている。この絵はプロのイラストレーターではなく、現オーナーの祖父が描いたものだ。

オリジナル

ローズ

ミント

レモン

オレンジブロッサム

羊飼いと少女が出会い、互いに惹かれ合い、少女は恋を覚える。川で涼んだり、散歩に出かけたりして楽しい時間を過ごし、最後結ばれる。すべての缶を並べてみて初めてわかるラブストーリーだ。
各540円／宝商事

ハート型の缶にアバンギャルドな猫と犬のイラスト（猫たちの主張の方が若干強すぎる配置がまたいい）。手がけたのは「キャッシュジャック」というスペイン出身のイラストレーターデュオ、ヌリア・ベルバーとラケル・ファンジュール。彼女たちは「ル・ショコラ・デ・フランセ」のタブレットタイプのチョコレートの包装紙も数多く手がけている。
LCDF ワンちゃんニャンちゃんハート缶（ダークトリュフチョコ）1728円／エクレティコス

ル・ショコラ・デ・フランセ

Le Chocolat des Français

チョコレートとアートが大好きな若き3人のパリジャンによる、2014年発足のブランド。日本には2018年に初上陸した。ポップでアーティスティックなパッケージデザインは、200種類以上あり、約60名以上のアーティストにより作られている。コレクターも多く、パリの高級食材店「ラ・グランデ・エピスリー・ド・パリ」などで販売が始まると、品切れが続出したという逸話を持つ。

「メザミ（私のともだち）」2700円

オンクル・アンシ
Oncle HANSI

雑貨店「キャトルセゾン」や三越伊勢丹「フランス展」で高い人気を誇る、「オンクル・アンシ」の缶。古き良きフランスの片田舎を思い出させる穏やかな絵だが、この絵の作者である“アンシおじさん”ことジャン・ジャック・ヴァルツが生きた時代、フランスはドイツとの戦争の真っ只中だった。反ドイツ主義だったアンシおじさんはフランス軍に志願・入隊。その活動はゲシュタポ（ナチス－ドイツの国家秘密警察）にも目をつけられるほどだったという。しかしアンシおじさんが故郷アルザスの平和を願い描いた絵は、あくまでも愛らしく穏やかだった。

「マ・ベベ（私の赤ちゃん）」3672円

描かれているのはアルザスを象徴するものばかり

アルザス地方発祥のパン・クグロフやアルザスのシンボルであるコウノトリ、そして白いブラウスにエプロンドレスのアルザスの民族衣装を着た子どもたち。特徴的なちょうちょ型の黒い"コアフ"（かぶりもの）はアルザス特有の「ボネ・タ・ヌ」と呼ばれるものだ。缶に使われている絵の多くが、第一次世界大戦前後に祖国と故郷の平和を願い、描かれたという。中に入っているのもアルザスの伝統菓子"ブレデル"。
「ジュ・エ・モワ（私とわたし）」1944円

㊐山本商店

ラ トリニテーヌ
La trinitaine

ヨットが盛んな"ラ=トリニテ=シュル=メール"から名前を取った「ラ トリニテーヌ」は、ビスケット製造が盛んなブルターニュ地方で1955年創業。ギフト用・土産用として作られた蝶番（ちょうつがい）缶は、1985年から販売を開始。日本でもこの年から輸入され始めた。中のガレットのおいしさはもちろん、食べ終わったあとも使いやすい大きさとデザインのいい缶が1000円台で買えることから、日本でも長年愛され続けている。廃番になったものも含めると今まで約500種類のデザインが販売され、世界中にコレクターがいる。

1985年〜

ブルターニュマップ

2004年〜

フルール

2009年〜

フラワー

ベストセラー缶3種

「ブルターニュマップ」「フルール」「フラワー」の3つは、どれも発売して10年以上経つがいまだ人気があるベストセラーデザイン。中でも「フラワー」は非常に人気が高く、スーパーマーケットの「成城石井」でも見かける。この花の絵は地元の画家が描いたものを採用した。「ブルターニュマップ」はまさに"土産物"といった感じのベタなデザインなのが逆にいい。各1836円

2010 ～ 2019 年
クラシカル・イラストシリーズ

2010 ～ 2019 年頃に販売されたクラシカルなイラストシリーズ。こうした郷愁を誘うタッチのイラストは、今やあまり見かけなくなった。かわいいクッキー缶の遺産。

エアライン

パリティティ

コート・ダ・ジュール

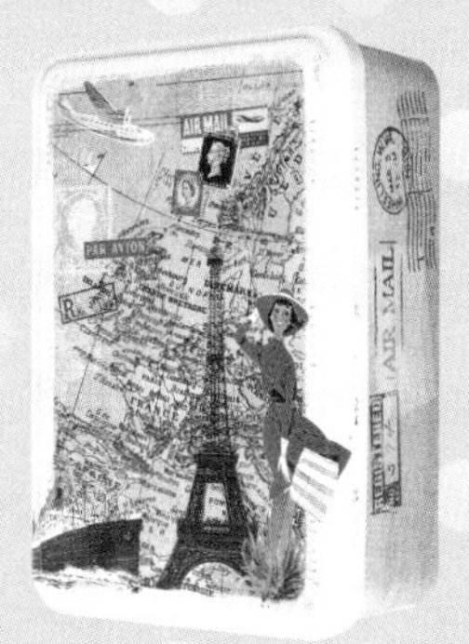

ヨーロッパ

灯台

2010 年～
写真シリーズ

本来、土産物として作られたせいもあり、缶にもさまざまなフランスの名品や名所の写真が使われた。観光客向け用という理に適った、非常にわかりやすいデザイン。

2019 ～ 2020 年　クラシックカー（現在終売）

2010 年～　モンサンミッシェル 1836 円

㊐宝商事

La trinitaine

2016 ～2019年 ポップイラストシリーズ

レトロシリーズからがらりと変わり、2016年頃からはピンクや赤、オレンジを基調としたポップなイラストのデザインも登場した。2019年に販売終了。しかし人気の高かったシリーズで再販を望む声も多い。

キッチングッズ

カップケーキ

魚缶

バッシュアムール

2016 ～ 2020 年

ウサギ

アニマルシリーズ

大人が思う“かわいい”の琴線にモロひっかかってくるアニマルシリーズは、2016 年の発売と同時に人気を博し、入手困難に。中でも「ロイヤルキャッツ」は大人気だった。デザイナーは猫缶の最新「三毛猫」（78 ページ）やレトロキッズシリーズ（80 ページ）も手がけたグウェナエル・トロルズである。

2016 ～ 2020 年

ロイヤルキャッツ

2016 年～

ドッグ

La trinitaine

猫シリーズ

あるヨーロッパのお菓子メーカーの人に「日本は猫モチーフの缶が、どの国よりも売れる。なぜ?」と聞かれたことがある。しかし誰もその理由はわからなかった。ただヨーロッパの人が驚きを覚えるほど日本では“猫缶”が売れる。「ラ トリニテーヌ」がそれを知っていたかはわからない。しかし2010年から猫の写真を使ったガレット缶を販売していた。今でこそ猫がデザインされたお菓子の缶などめずらしくないが、当時はまだあまりなく、「成城石井」で見かけたときは驚いたものだ。

2020年〜

三毛猫 1836円

最新の猫缶デザインである「三毛猫」は、同じくグウェナエル・トロルズ氏によるもののため77ページのアニマルシリーズの流れを汲んでいる。2020年開催の三越伊勢丹の「フランス展」で初お披露目となった。

2010 ～ 2019 年

これが 2010 ～ 2019 年まで発売されていた「ラ トリニテーヌ」の猫缶の原点。白地に猫の写真と肉球スタンプが使われたシンプルなデザイン。今となっては懐かしかわいいデザインだが、粛々と売れ続け、スーパーマーケット「成城石井」では長い間取り扱っていた。

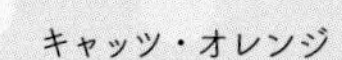

キャッツ・オレンジ

キャッツ・イエロー

2019 年～

「ラ トリニテーヌ」の経営方針が変わったことで、2019 年猫缶も刷新。写真はイラストに変わり、側面も猫の肉球ではなく、猫の顔のイラストに変更された。各 1836 円

㊐ 宝商事

La trinitaine

レッド&ゴールド ストライプ

レッド&ゴールド スポット

2017 年～
レトロキッズシリーズ

2017 年に登場した"レトロキッズ"シリーズ。まずはネイビーが発売され、追って 2020 年にレッドバージョンが誕生。同じイラストとデザインを使っているのに、ネイビーからレッドに変えただけでイメージが変わるのがおもしろい。デザインはこちらも猫シリーズ、アニマルシリーズを手がけるグウェナエル・トロルズ氏だ。
各 1836 円／宝商事

坊や

みんなでごはん

ミシャラク
MICHALAK

26歳の若さでパリの五ツ星ホテル「プラザ・アテネ」のシェフパティシエになり、華々しい経歴を築いてきたクリストフ・ミシャラク。2018年には、フランスと並ぶスイーツ大国である日本に「MICHALAK」(東京・表参道)をオープンした。高級ブランドながらコンサバティブの型にはまることなく、ユニークでロック、かつ未来感あふれる店舗はぜひ一度見てみてほしい。そんなオリジナリティあふれるミシャラクのモチーフは、宇宙。そのため缶にも宇宙やロケットがあしらわれている。

ロケットサブレ(5個)1188円/ミシャラク

ITALY

アンブロッソリー
Ambrosoli

イタリア デイジーキャンディ缶 864円／宝商事

第一次世界大戦後、イタリア最北部にある小さな町・ロナゴではちみつメーカーとして創業したアンブロッソリー社。ビーズをあしらったように見えるため、“ビーズ缶”とも言われるこの缶は日本オリジナルのもの。初版の缶は1977～1997年までの20年間販売されたロングセラー商品。一度終売となったが、2009年に初版のものにそっくりな現在のものがリバイバル販売された。祖母の裁縫箱から出てきそうな懐かしいデザインだが、今となっては逆にそれが新鮮で若い人を中心に人気が再燃している。

ビスコッテリア缶（現在終売）

2021年10月に発売された新たなカントチーニ缶。人気アーティスト、シモーネ・マッソーニとイラーリア・ファロルシがデザインを手がけた。フィレンツェにあるマッティ・ミュージアムがモチーフとなっており、缶の側面には創業者などさまざまな人物がビスコッティを持った肖像画が並ぶ。

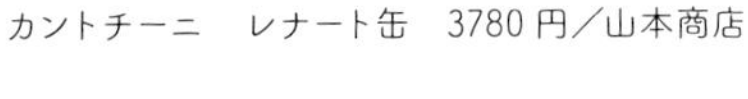

カントチーニ　レナート缶　3780円／山本商店

アントニオ・マッティ
Antonio Mattei

1858年創業の「アントニオ・マッティ」は、イタリアの伝統菓子「カントチーニ」（ビスコッティ）を作り続ける老舗ブランド。創業時より青い袋に入って売られていたが、2018年創業160周年のときにフィレンツェ出身のイラストレーター、シモーネ・マッソーニ氏のイラストが使われた「ビスコッテリア缶」が登場。ニューヨークの近代美術館に展示されている。ただ、残念なことにこのデザインは日本では終売となった。

2019年、個包装のカントチーニを開発した際に作られた日本限定の「スクエア缶」。
カントチーニ スクエア缶 1728円／山本商店

バルベロ
BARBERO

缶マニアではなくとも、「ここの缶は美しくて好き」という人に何人も会ったことがある。実際、この本のカメラマンも撮影の小道具入れとして持っていた。バルベロ社は、1883年ピエモンテ州で創業した北イタリアの伝統菓子「トロンチーニ」のブランド。1885年に開催されたナポリ博で最高位の褒賞である金賞を受賞。当時の缶の画像が残っているが、今の四角い蝶番缶より角が鋭角なものの、デザインはほぼ変わらず。130年以上デザインが継承されているなんてもはやロマンでしかない。

バルベロ トリュフ茶缶 1836円

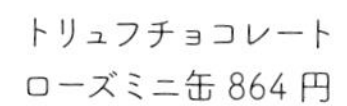
トリュフチョコレート
ローズミニ缶 864円

トリュフチョコレート
カカオミニ缶 864円

2021年に発売された新・トロンチーニ缶。19～20世紀にかけてヨーロッパで愛されたアール・ヌーヴォーを思い起こさせるような唐草模様が美しい。
トロンフィーニ缶、トロンチーニ アソートメント缶各 1296円

2021年10月には、ローズ缶が仲間入りした。パステルではなくくすんだ“大人ピンク”なところがイタリアブランドらしい。
トリュフチョコレート ローズ缶
1512円

2020年10月、日本で約7年ぶりに登場した新フレーバーと缶。今までの重厚なデザインと違い、軽やかなボタニカルプリント。
トリュフチョコレート（レモン、カプチーノ）各 1512円

㊐山本商店

ヨーロッパでてんとう虫は聖母マリアの使者と言われ、古来から幸運のモチーフとされてきた。日本では1994年の上陸時からこのてんとう虫をポスターなどで使用。2012年には"てんとう虫缶"が販売された。以来マイナーチェンジを繰り返し、現在も販売されている。
チョコラティーノ 1404円

カファレル
Caffarel

缶マニアじゃなくても「カファレル」の缶のかわいさを知っている女性は多いだろう。日本ではそれだけ高い人気を誇る。カファレル社は1826年、イタリア・トリノで創業。1869年にはイタリア王室御用達となり、多くのヨーロッパ貴族に愛された。日本には1994年上陸。缶のデザインはカファレル社が昔、ポスターなどで使っていた絵やフォントを組み合わせて作られている。そして驚くことに缶製品は日本限定販売であり、本国にはない。

カファレルには猫がデザインされた缶が多い。ほとんどのものが期間限定だったりするが、これは定番。"ピッコリ・アミーチ"は、イタリア語で"ちいさな友達"を意味する。
ピッコリ・アミーチ 1404円

ラッテメンタ 756円

キャンディ ビオラ
756円

ラナンキュラス
756円

チョコレートブランドとして知られる「カファレル」だが、キャンディも古くから根強い人気を誇る。チョコレートと違い、持ち運ぶことも考え、手のひらにのるサイズの小ぶりの缶で作られている。チョコレートの缶が甘くかわいい路線に対し、キャンディ缶はもう少し大人っぽくエレガントな要素が強い。

㊞山本商店

GERMANY

日本のお菓子缶の進化するスピードがすごいだけで、ヨーロッパのお菓子缶にそこまで突き進んでいるものは少ない。でも逆にそこが魅力。中でもドイツデザインのものは、ダントツに甘さの引き算がうまい。そのためノスタルジックなデザインでも懐かしさは感じても古臭さは感じない。

ハイレマン
Heilemann

てんとう虫チョコエンボス缶／エイム（現在終売）

ハイデル
HEIDEL

ノスタルジックチョコエンボス缶 1350 円／エイム

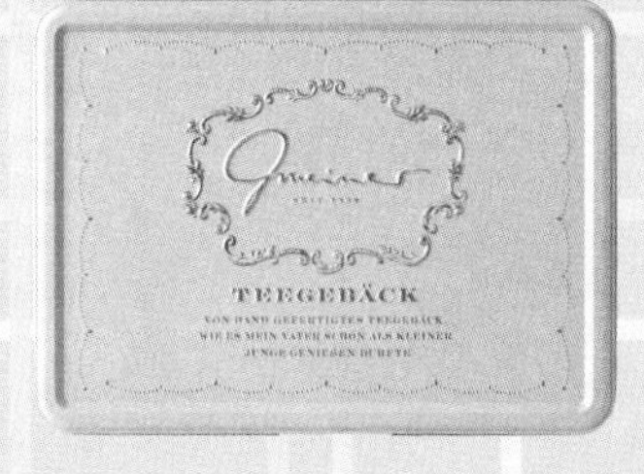

グマイナー
Gmeiner

1898 年に創業した老舗菓子店。日本には 2014 年に上陸した。缶には「グマイナー」のブランドカラーであるパステルピンクを使用。色は甘くかわいらしいが最低限の装飾にとどめているため、ファンシーになるどころかミニマル。ここにもドイツの引き算の美学が見られる。テーゲベック 3888 円／グマイナー

AUSTRIA

マナー
Manner

1890 年シュテファン大聖堂の横に 1 号店が誕生。以来、地元っ子から観光客までに愛されてきたウエハース店。マナーのブランドカラーは缶にも使われているサーモンピンク。本国の店もこの色で彩られている。缶にはゆかりあるシュテファン大聖堂のほか、女性や子どもの絵が描かれている。各 3240 円／宝商事

シュテファン大聖堂

フォーレディ

フォーキッズ

DENMARK

コペンハーゲン
Copenhagen

「コペンハーゲン」は1933年創業のクッキー製造メーカー・ケルセン社が持つブランドの1つ。重厚な色使いで、アンティークのような風貌を持つ美しい缶だが、日本に輸入されるようになったのは2008年（本国での発売年は不明）。実はそう古くないが、缶には「プロダクト オブ デンマーク」と書かれており、プライドを持って作られたことがわかる。

コペンハーゲン バタークッキー 1620円／ウイングエース

デンマークのテーブルウェアブランド「ロイヤルコペンハーゲン」で1775年より作られ続けている白磁に青い花が描かれた“ブルーフルーテッド”柄。その本家である「ロイヤルコペンハーゲン」が、唯一認めた“ブルーフルーテッド”柄の缶。
ダニッシュミニクッキー702円／ウイングエース

“女王さまのクッキー”のブルー缶と同じ、2012年日本国内1号店オープン時から発売しているミント缶。見ればさわやかな息を連想するデザインとイラストは、デンマーク本社のデザインチームが手がけたもの。感度の高いデザインで、ファッション関係者のバッグには高い確率で入っているという逸話あり。
ミントタブレット（スペアミント、ピーチ、レモン、ベリー、メントール）各162円
※時期によって販売するフレーバーは異なる。

フライング タイガー コペンハーゲン

Flying Tiger Copenhagen

“フライングタイガー”のデザインは常に独自路線。缶もしかり。通称“女王さまのクッキー”のブルー缶は、2012年日本国内1号店オープン時から発売している。しかしなぜ女王？“フライングタイガー”の故郷であるデンマークには、80歳を超えて尚、国民に愛されるマルグレーテ女王がおり、女王をモチーフにデンマーク本社のデザインチームがイラスト化・デザインした。その後、2015年に“赤缶”、2018年に“グリーン缶”を発売しているが、シリーズで並べたときに店頭で美しく見えるよう意識してカラーも選ばれている。尚、“ブルー缶”は2015年に「Communication Art’s Award of Excellence」「Golden Hammer Award」という2つのデザインコンペティションで受賞している。

ボタンチョコレートクッキー
324円

バタークッキー
540円

チョコチップクッキー
324円

ホットチョコレート〈アズテック〉2808円

マリベル
MARIEBELLE

2000年にニューヨークでオープンしたチョコレートショップ「マリベル」。「ニューヨーク・タイムス」紙から"アメリカチョコレート界のトップ"と称され、マット・デイモンやメグ・ライアンなどが足しげく通う。チョコレートのおいしさはさることながら、缶の美しさには、本来ファッションデザイナーを目指してアメリカにやってきたオーナーのマリベル・リーバマン生来のセンスが光る。

アンティークやデコラティブなものが好きだというマリベル氏の趣味がもろに反映されたデザイン。世界共通の女心をくすぐる缶。
クラスターキャトル缶 3240円

高級感ある「マリベル」オリジナルの紅茶缶。
〈左〉ティーコレクション（ダージリン・チョコレートローズ・ライチ）2160～2268円
〈右〉従来の「ホットチョコレート」とデザインはほぼ同じながらも計算された違う色使い。印象ががらりと変わる。ホットチョコレート〈ホワイト〉2808円

カカオ　マーケット　バイ　マリベル

Cacao Market by MarieBelle

「マリベル」オープンから4年。2004年にマリベル氏の故郷・中南米のホンデュラスで国との共同事業としてカカオ豆の栽培を開始。2015年にはフランスの「サロン・デュ・ショコラ」で表彰されるまでに成長した。このカカオ豆を使って作られた製品を販売しているのが「カカオ　マーケット　バイ　マリベル」。缶のデザインは「マリベル」に比べてわずかに乙女で甘い。

刺繍のクロスステッチのようなデザインでカカオ豆とブランド名が描かれている。
カカオニブクッキー 2700円

ブルーとブラウンゴールドの色合わせがエレガント。ホットチョコレート（ヘーゼルナッツミルク、スパイシー、アズテック）各2484円

かごに盛られたいちごをモチーフにした缶。この甘い発想のデザインに感服。
〈左〉ホワイトチョコレートストロベリー 2052円、〈右〉バークチョコレート　ホワイトストロベリー 2851円

ハーシー

HERSHEY

「ハーシーチョコレート」が通年販売している缶はこれのみ。誰もが一度は目にしたことがあるであろう「A Kiss for You」のイラストが使われている。この絵についての詳細は本国でも不明だが、1925年にはディスプレイやパッケージとして使用され、1950年代を通じてよく使用されてきた。最近では2007年のキスチョコレート誕生100周年記念の際に、復刻パッケージとしても使用された。

少年の髪は金髪と茶髪のバージョンがあるが、ほとんどのものが金髪で描かれている。
ハーシー　キスチョコレート　ノスタルジック缶 1674円／鈴商

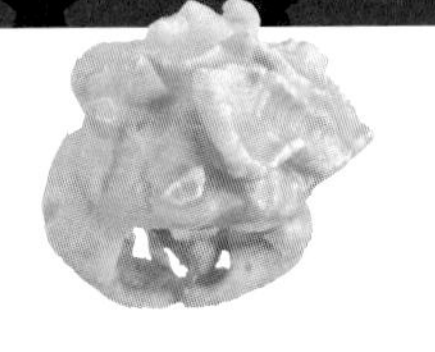

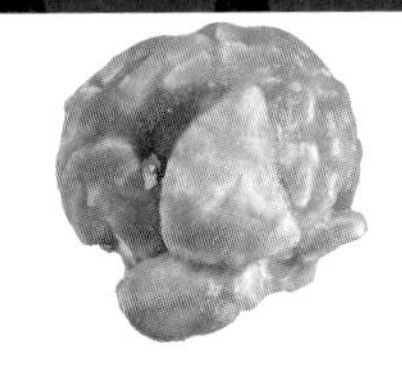

ギャレット ポップコーン ショップス®

Garrett popcorn shops®

「ギャレット ポップコーン ショップス®」は、アメリカ・シカゴで1949年に誕生。日本には2013年上陸した。シーズンによってさまざまなデザインの缶が発売されるが、通年販売されているのがシグネチャーブルー缶とシグネチャーピンク缶。ストライプがブランドのシンボルであり、シグネチャーデザインであることから、“ギャレット”の缶はストライプ模様が基本となっている。

各1130円～

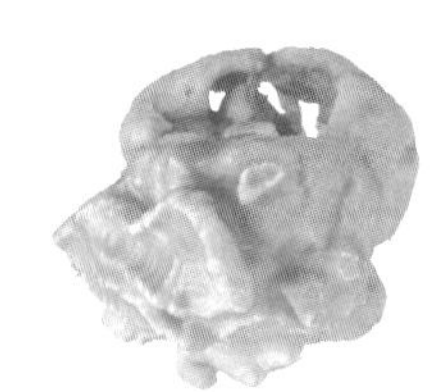

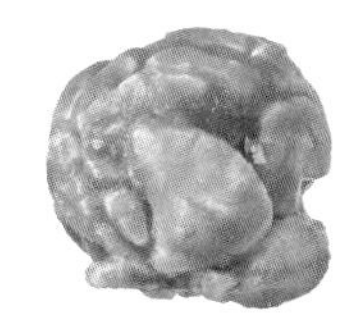

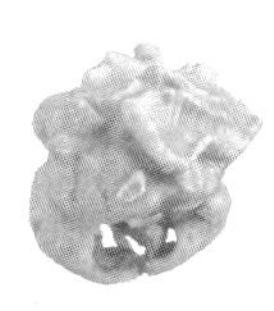

東京・名古屋　地域限定缶

通年商品ながら現地に行かないと購入できないレアもの。TOKYO 缶には東京スカイツリーと富士山が、NAGOYA GOLD 缶には名古屋城と金のシャチホコが描かれている。各 1130 円〜

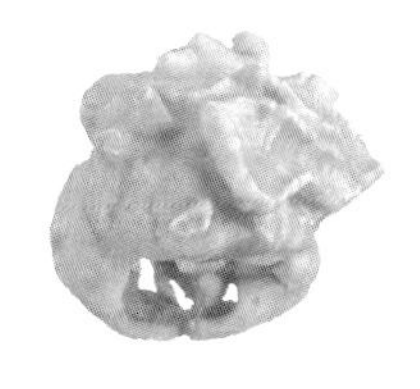

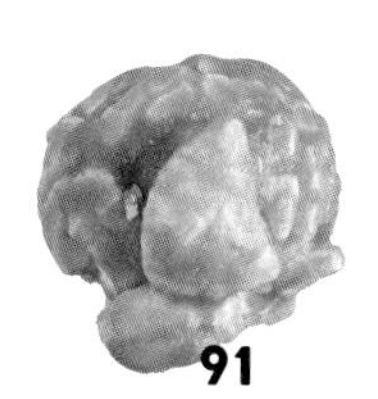

Garrett popcorn shops®

「ギャレット®」缶の魅力はアメリカブランドらしいポップなデザインと、その発色の良さ。こうして並べてみるとカラフルな魅力が一層わかる。ここでは2018～2020年までのラインナップをピックアップした。

2018年12月

ETO缶
ETOは干支のこと。新年に向けて発売される缶はすべてこの名称だ。

2019年1月

バレンタイン缶

2019年2月

SAKURA缶

2019年4月

ユニコーン缶

2019年5月

ネオンメタリック缶

2019年7月

HANABI缶

2019年9月

Halloween缶

2019年9月

70tn Anniversary 缶

2019年11月

スノーマウンテン缶・
スノーマン缶

2019年12月

ETO 缶

2020年1月

バレンタイン缶

2020年2月

SAKURA 缶

2020年3月

Spring 缶

2020年6月

マルチストライプ缶

2020年11月

ジンジャーブレッド缶

2020年12月

ETO 缶

column 04

底知れぬ想像力と女子力が武器
“aspilin”的デザイン考

私たちが気軽に手にしている缶も、実はお菓子店やケーキ店にとっては、リスクあるパッケージだ。紙に比べ単価が高く、かさばるため在庫の管理に場所を取る。そして何よりも最初の関門になるのが、一度に頼まなければならないロットの数。最低でも3000缶からというのが常識だ。しかしその常識を打ち破ったブランドがある。製缶会社「大阪製罐株式会社」が手がけるお菓子缶専門ブランド「お菓子のミカタ」だ。ここは既成缶が50缶からオーダーできるため、小さなパティスリーでもかわいい缶を扱うことができるようになった。そしてこの「お菓子のミカタ」で多くの缶のデザインを手がけるのが、デザイン会社「aspilin（アスピリン）」だ。ビジュー缶やスズラン缶、勲章缶など多くのヒット缶を生み出してきた。どの缶も「どこかで見たことある」デザインではなく、「こんな缶、今まで見たことない！」ものばかりで、見る者に驚きを与える。
デザインの源は想像力。どんな人たちがどんな気持ちでどういう思いを込めてこの缶を買うのか？　コンセプトが定まったらあとはそんな人たちが買いたくなるような“女子力”を加えていく。インスピレーション源はさまざま。手に取った瞬間、心躍るロマンティックな世界観。ときめきやわくわく、遊び心もひとさじのエッセンス。お菓子がありきでパッケージを考えるのではなく「この缶のデザインにぴったりのお菓子を作ろう！」と思わせるのが狙い。まさに逆転の発想だ。“何十年後かにパリの蚤の市で売られていそうな缶”や“大好きなあの人に勲章をあげたい気持ちが表現された缶”はこうして生まれた。
ところで「aspilin」という名前が気になった人もいるだろう。スペルは変えているが、“aspilin”とはまさにあの薬のことで、表の意味は“いかにも効きそう”、しかし裏には“覚醒する”の意味が込められたアヴァンギャルドな社名だ。

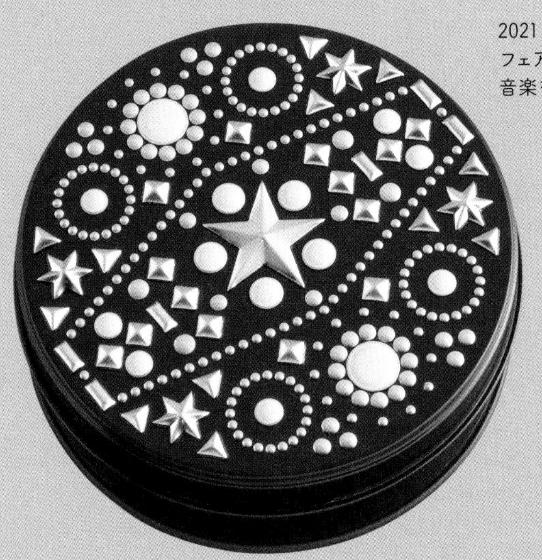

2021年8月。“お菓子の缶はかわいらしくてフェアリー”というありがちな概念をぶち壊し、音楽をテーマに誕生したのが“ロック缶”だ。

1 スイート缶　**2** パリ缶　**3** ワンダーランド缶　**4** ガレット・デ・ロワ缶　**5** 板チョコ缶　**6** エンジェル缶　**7** ビジュー缶　**8** カメオ缶　**9** ブーケ缶　**10** 勲章缶　**11** キッチン缶　**12** アドベンチャー缶　**13** サンドリヨン缶　**14** スズラン缶　**15** ショコラ缶　**16** ツインズ缶。これが“何十年後かにパリの蚤の市で売られていそうな缶”である。

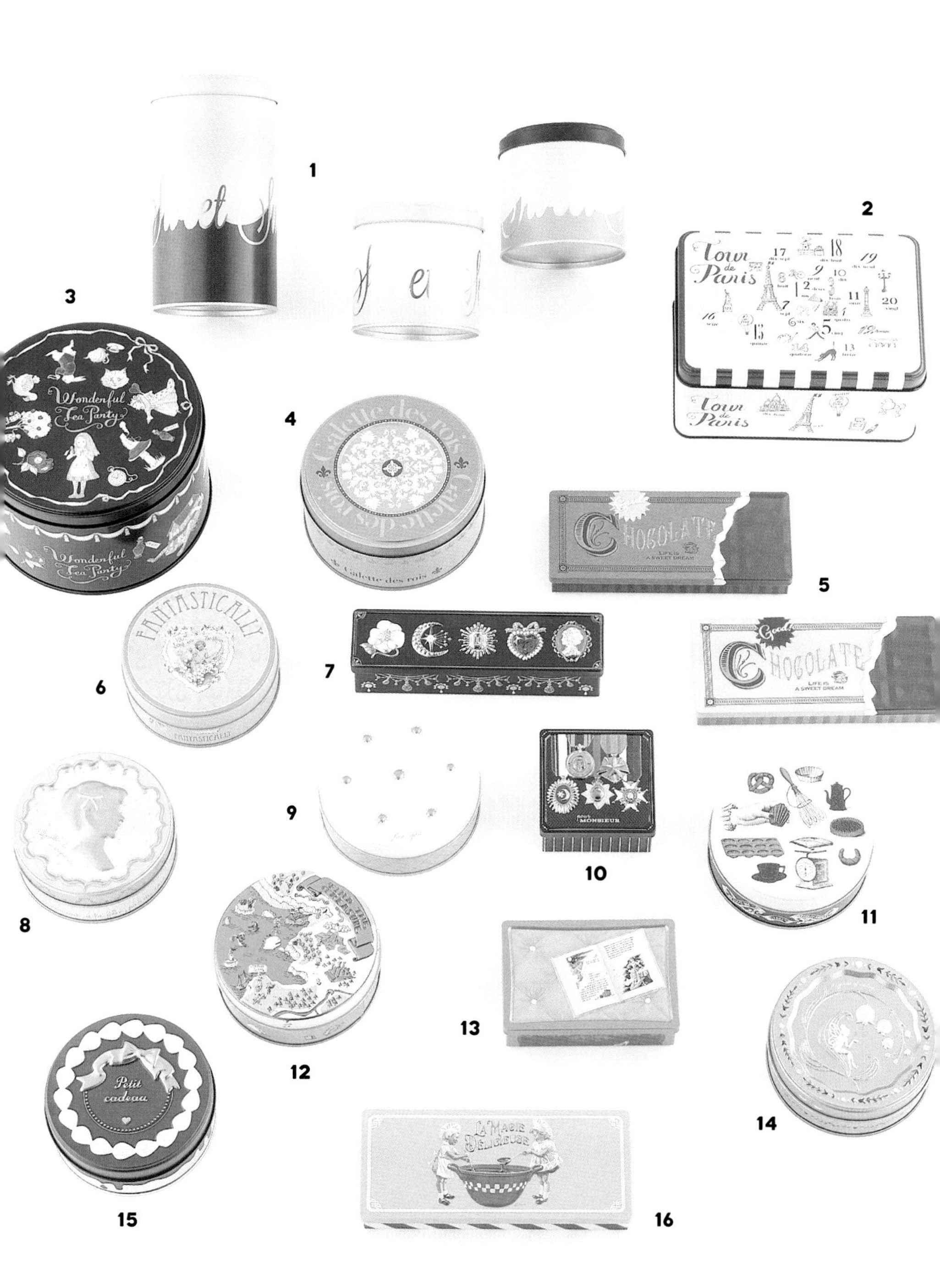
1
2
Tour de Paris
3
Wonderful Tea Party
4
Galette des rois
CHOCOLATE
LIFE IS A SWEET DREAM
5
Good!
CHOCOLATE
LIFE IS A SWEET DREAM
FANTASTICALLY
6
7
9
pour MONSIEUR
10
8
11
12
13
14
Petit cadeau
15
LA MAGIE DÉLICIEUSE
16

震災で失われた缶は、時を超えて東京にあった

実家の物置で見つかった70年代の「コルベイユ」の缶。

ロシア・ロマノフ王朝の宮廷菓子職人であったマカロフ・ゴンチャロフ氏が、革命に揺れる祖国を後にし、日本で1923年、神戸・北野町にチョコレート工房を開業したことが「ゴンチャロフ」の始まり。100年近い歴史を持つだけに缶に関しても多くの資料が残されているかと思い、取材を申し込んだが、1995年に起きた阪神・淡路大震災にて西灘工場は全壊。本社、そして東灘工場においては半壊の被害を受けたため、過去の資料などはほぼ手元に残っていないという。そんな話を聞いた矢先、実家の物置から古いさびだらけの「コルベイユ」の缶が出てきた。クリスマスツリーの飾りをしまう箱として子どもの頃から使っていたものだが、まさかこれが古い「コルベイユ」の缶だとは今まで気づかなかった。「コルベイユ」は1976年からある「ゴンチャロフ」のロングセラー商品である。

ほとんどのものが失われてしまった今、詳しいことはわからない。ただ70年代の缶であることは確かなようだ。「まさか東京で『コルベイユ』の古い缶が見つかるとは思いませんでした。こんな形で目にできるとは……」。「ゴンチャロフ」の担当者も驚いていた。

70年代の「コルベイユ」の缶は、経済成長を遂げていく勢いある日本の空気感もあったであろう、ゴールドなどをあしらい、華やか。現在のものは色味を抑え、ステッチ模様の花に目が行くようにデザインされ、引き算の美学を感じる。こうして並べてみると、同じ商品でもそれぞれデザインに時代を反映していることがわかる。

現在の「コルベイユ」。

PART 4

日本のお菓子缶

昔は「海外の缶の方が素敵」だと思っていましたが、
いまや日本のお菓子缶のデザインも侮れません。
各地方の缶から日本ブランドの缶、
名画のお菓子缶までがそろいます。

HOKKAIDO 北海道

日食オーツ

日食＝日本食品製造合資会社は1918年創業。北海道にある、日本で初めてオートミールを製造し、かつ現在も国産オートミールを製造している唯一の会社だ。

左から日食ロールドオーツ、日食オーツ オートミール756円／日本食品製造合資会社
※「日食オーツ オートミール」（写真・右）は2020年11月を以って終了。袋タイプに変更となった。

なぜシルクハットをかぶったイギリス紳士がプリントされているのか？　多くの人が不思議に思うだろう。これは創設者である戸部佶（ただし）氏が食品加工研究のため英国に滞在した際、イギリス人のシルクハットにステッキ姿が印象に残ったこと、そして彼らを見て紳士たる者の思考、行動、振る舞いに感銘を受け、帰国後、この紳士の姿を商標とすることで今後の会社のあるべき姿を見出そうとしたためだという。
創業時からあったのは紺と赤で構成された「日食ロールドオーツ」の缶（写真・左）。今見ても洒落ているこのデザインは創業時よりほぼ変わっていない。この缶のデザインを手がけたのも戸部氏だった（イラストは不明）。
基調色である赤と紺は北海道の旗の色を採用し、さらには北海道の“地図”をパッケージに用い、都市の位置と本社がある琴似村を示した。なぜここまで“北海道”を詰め込んだのか？　創業当時、国内でオートミールという食べ物を知る消費者はおらず、多くの製品は国内に住む外国人や旧イギリス領であった香港、シンガポール、中国の一部に輸出されていた。そのため外国人に北海道が日本のどこに位置しているか理解してもらうため、このようなデザインになったという。
戦後、販売となった「日食オーツ オートミール」（写真・右）はデザインを一新。紺と赤から新しい時代の明るさをイメージした青（シアン）が用いられた。

札幌千秋庵

1921年、札幌市の駅前通りに「小樽千秋庵」より暖簾分けをされ創業。洋風煎餅「山親爺」や餡入りパイ菓子「ノースマン」は長年、道民のおやつとして親しまれている。千秋庵の独創性にあふれたデザインの原本は、すべて二代目・岡部卓司氏によるもの。現在も昔からあるデザインを活かし、現代向けにアレンジして展開している。

北のマドンナ6個入缶（現在販売休止）

小熊のプーチャンバター飴缶入 648円
※一部店舗、オンラインショップ限定販売

千秋庵のデザインテーマである「レトロでかわいい／ほのぼの感／昭和のノスタルジーを感じさせるものを残しつつ今につなぐこと」がすべて表現された2つの缶。「小熊のプーチャンバター飴缶入」は“北海道の大空に浮かぶような楽しい気持ちで小熊がウッドベースを奏でる”という構成で、1958年よりこのデザインだ。「北のマドンナ6個入缶」も1985年から現在まで変わらない。“北のマドンナ”のデザインには二代目・卓司氏のヨーロッパへの限りない憧れが投影されているという。

旭豆

今から約120年前の1902年、北海道で取れる大豆と甜菜糖から誰もが好む菓子が作れないかと生まれたのが「旭豆」だった。

昭和30年代になってデザインを一般公募。そのときからずっとアイヌの民族衣装を着た女性と「旭豆」で北海道の地形を表したデザインを使用している。50年以上前のものだが、優れたグラフィック魂を感じる缶。布袋タイプもあり、ノスタルジーあふれるそちらも機会があったら見つけてほしい。
旭豆立缶 972円／共成製菓

左から「平大缶」1836円、「平小缶」756円、「角缶」1026円／石川商店

塊炭飴

かつて炭鉱の町であった赤平市の名物菓子。地元の「石川商店」が1932年より製造している。赤平産出の“黒ダイヤ”とも称された高品質の石炭をモチーフにした飴だ。「塊炭飴」じたいは東京でも「どさんこプラザ」などで手に入る。しかしこの缶だけは都内で手に入らない。それだけに貴重だ（取り寄せ可能だがオンラインサイトなどはなく電話で問い合わせを。これもまたいい）。この渋さ、男らしさ、無骨さ。昭和という時代や炭鉱の町を体現したようなデザインは今の時代には決してないものだ。たしかな資料は残っていないが、デザイン学校の学生がデザインを手がけたと伝わっている。

白い恋人

ラング・ド・シャにチョコレートを挟んだ北海道銘菓「白い恋人」は1976年より販売を開始。商品名は創業者である石水幸安氏が、ある年の冬にスキーを楽しんだ帰りに雪を見て「白い恋人たちが降ってきたよ」と何気なく言ったひと言から誕生した。缶製品の発売は1978年から。パッケージに描かれているのは北海道利尻富士町鬼脇沼浦の「白い恋人の丘」から見える、利尻山の風景だ。

〈左〉白い恋人54枚缶入4104円、〈右〉白い恋人36枚缶入2808円／ISHIYA（イシヤ）

NIIGATA

雪国あられ

新潟の定番銘菓である「雪国あられ」。今から 50 ～ 60 年前にデザインされたもので原画などは残っていないが、創業者である初代社長が手がけたと伝わっている。創業者は一時、画家を志すほどの美術好きで、退職後は油絵画家として新潟市を中心に活動していた。
雪国あられ Y-C（360g 缶）1620 円

ベーカリーレーチェ

「ヤスダヨーグルト」が手がけるパンと焼き菓子の店「ベーカリーレーチェ」。モノクロ×ブルーで構成されたシンプルなデザインながらも“雑貨的パワー”を強力に持つクッキー缶は新潟県内にある、「ヤスダヨーグルト」直営ショップ限定販売で通販はしていない希少品だ。
〈左〉LECHE クッキー缶 Shiro、〈右〉LECHE クッキー缶 Ao 各 1400 円

NAGANO

開運堂

「開運堂」あづみのインター店近くには犀川（さいがわ）の大きなよどみがあり、そこへ毎冬シベリアから多くの白鳥が飛来する。そのためいつしか「白鳥湖」と呼ばれるようになり、あづみのインター店開店 1 周年を記念してこの商品が作られた。絵は長野県出身の画家である柳沢健氏によるもの。
白鳥の湖（缶入）1372 円

GIFU

三嶋豆

飛騨高山の銘菓である「三嶋豆」は、明治時代より作られ、ビニール袋などない当時より湿気から守るため缶に入れて販売されていた。現在のデザインになったのは昭和 44 年から。銀の缶に紙の黒いラベルが巻かれているのだが、このラベルの美しさが缶全体をキリリとした佇まいにしている。
三嶋豆レトロ缶（大）1620 円、（小）1080 円／馬印 三嶋豆本舗

TOCHIGI 栃木

金谷クッキース KC-104　1512 円

金谷クッキース KC-501　1188 円

金谷ホテルベーカリー

「日光金谷ホテル」は 1873 年創業。多くの著名人たちに愛され続けてきたホテルの美しきクッキー缶。2003 年、創業 130 周年を記念して作られたのが日光のパワースポットと言われている日光二荒山の「神橋」をデザインしたクッキー缶。この絵は二代目社長である金谷眞一氏が手がけた。当初 3000 缶限定販売の予定だったが瞬く間に完売したため、追加販売を繰り返し、15 年以上も経つという。そして“神橋缶”発売の 10 年後、140 周年を記念して出されたのが、金谷家の家紋であるササリンドウをアレンジしたクッキー缶だ。ともに類を見ないモダンさ。

日光甚五郎煎餅

店名は日光東照宮の社殿に「ねむり猫」の彫刻を施した左甚五郎の名にちなんだもの。缶ぶたに書かれた「あらたふと青葉若葉の日の光」は、日光の二荒山神社に詣でた際に松尾芭蕉が詠んだ有名な一句。また、缶ぶたの緑は山深い日光を表しているという。かわいい缶が蔓延する中、一線を画す味わい深いデザイン。
日光甚五郎煎餅 16 枚入り 756 円／石田屋

SAITAMA

一里飴

埼玉銘菓の1つである「一里飴」の歴史は古く、室町時代に医学者が梅の蜜を使って作った薬用飴が起源と言われている。現在も砂糖、水あめ、はちみつのみで作られている。洋に振り切りがちな菓子業界の中、貴重な和の愛らしさを持つ缶。木綿の着物を思い出させる。
一里飴 540 円／住吉屋製菓

CHIBA 千葉

オランダ家

1949年創業の菓子とケーキの店「オランダ家」。2018年9月、店名である"オランダ"生まれのミッフィーの作者であるディック・ブルーナ氏の子どもたちに向けたまっすぐな思いをお菓子を通して伝えていきたいと思い、コラボがスタート。当初は数量限定での発売を予定していたが、あまりの人気に定番商品となった。ミッフィーの世界観を大切にした、かわいいながらもシンプルなデザインで非常に完成度が高い。そして1つ1つに"小さなトリビア"がある。

ミッフィーの背景に描かれている水玉模様もブルーナ氏が描いたイラストを使用している。
ミッフィーサブレ 10枚入 角缶
1404円

中に入っているサブレの包装のミッフィーは襟なしワンピースを着ているが、缶のミッフィーは襟つきワンピースに着替えている。
ミッフィーサブレ 5枚入
丸缶 864円

チューリップをあしらい、ミッフィーのふるさとであるオランダらしいデザインになっている。
ミッフィー・メラニーサブレ 10枚入 角缶 1404円

2020 年 11 月には新たなフレーバーと缶が仲間入り。〈左〉ココナッツサブレ缶、〈右〉シナモン&ジンジャーサブレ缶　各 3780 円

パレスホテル東京

「丸の内 1-1-1」というこのうえなく縁起のいい住所にある「パレスホテル東京」。大事な打ち合わせや食事には必ずこのホテルを使う。そんなホテルのクッキー缶は、ホテルから望める悠久の緑をイメージしたカラーを使用。そこへパステルカラーのフォントをあしらい、気品ある缶に仕上がっている。

プティフールセック缶 4320 円

プリンスホテル

「プリンスホテル」の名誉総料理長・内藤武志氏と東京・大田区にある焼き菓子専門店「メゾン・ド・プティフール」の西野之朗氏のコラボ商品。品あるロイヤルブルーと寒色系ピンクの効果か、かわいいけれどファンシーに寄りすぎない大人のデザイン。
ブーケ・ドゥ・ビスキュイ M 缶 3780 円

ルコント

1968 年、アンドレ・ルコント氏が六本木にオープンしたフランス菓子専門店。2010 年、一度その歴史に幕を下ろすが、2013 年“新生ルコント”として再度オープンした。そして 2018 年に 50 周年を記念して作られたのが「ルコント」オリジナル缶入りギフト。当初は限定販売の予定だったが好評を博し、現在も継続販売している。ルコント氏と子どもたちが描かれた 50 周年記念缶は大谷博洋氏、「ルコント」の代表的菓子である「スウリー」や「スワン」が描かれた地図イラスト缶は小林由紀氏がイラストを担当した。

50 周年記念ロゴ オリジナル缶入ギフトセット、地図イラスト オリジナル缶入ギフトセット（ともに焼き菓子 2 種とコーヒードリップバッグ入り。ただし店舗によって違う商品、価格のこともあり）各 1210 円

カファレル

東京駅にある「カファレル」グランスタ東京店でしか買えない「カファレルテルミナーレ東京駅限定缶」は、明治5年10月14日に新橋〜横浜間の鉄道が開通したことを記念して定められた「鉄道の日」にちなみ2019年より販売。クラシカルな東京駅丸の内駅舎がデザインされており、ロゴデザインは「カファレル」が1911〜1942年頃に使用していたポスターから選ばれている。「テルミナーレ」とはイタリア語で発着駅を意味する。
カファレルテルミナーレ 東京駅限定缶 1026円／カファレルグランスタ東京店

たぬき煎餅

東京・麻布十番にある「たぬき煎餅」は1928年創業。1932年には貞明皇后（大正天皇の皇后）による注文があり、初めて皇后陛下に商品を納めるため、創業者である日永圓蔵氏は知人の画家・村上玉嘉に狸の絵を描いてもらい、その絵に自らの書を添えて包装した。この狸の絵が現在も使われているロゴである。昭和40年代から使用されている写真の贈答用の缶に描かれた、小躍りするゆかいな狸たちも村上玉嘉によるものである。
たぬ吉（33枚入）1620円

榮太樓總本鋪

1818年、江戸時代に創業した「榮太樓總本鋪」。中でも有名なのはやはり飴。そしてその飴が入った、コイン状のものがないと開けられない独特の缶だろう。2018年、創業200周年を迎えた記念に作られたのが、日本橋の代表的なイメージである歌川広重の「東海道五拾三次」の中にある「日本橋朝之景」と、現代の浮世絵画家NAGA氏による近未来の日本橋の姿を描いた2つの限定缶である。
歌川広重缶〈抹茶飴〉、NAGAさん缶〈バニラミルク飴〉各357円

SHIZUOKA 静岡

山一園製茶

缶を包む和紙は、沖縄を代表する伝統染物「紅型(びんがた)」の影響を受けたイラストを手がけるコジーサこと尾崎ひさの氏によるもの。日本一の茶処である静岡から見える富士山とそして宝永山、静岡茶の栽培にとって命とも言える大井川が描かれている。なぜか見ているだけで和ませる力がある不思議な缶。
山一園オリジナル紅型茶缶 330円

AICHI

一隆堂

山吹色の缶に茶色いたぬきという、ミニマルデザイン。それだけにどこにあっても目を惹く。「一隆堂」は、徳川家康が生まれた愛知県岡崎市にある。そのため“たぬき親父”と言われた家康公をモチーフに、2012年店舗改装記念としてこの缶を作った。あまりに愛らしい征夷大将軍は人気となり、今では定番品となった。
丸缶(10枚入り)1695円

MIE

日の出屋製菓

創業64年になる湯の山温泉名物「湯の花せんべい」。このエポックメイキングな缶は、デザイナーではなく創業者であった現店主の祖父と印刷会社の担当者がデザインを手がけた。祖父はなぜかピンクを使用することにこだわったという(家族も理由はわからないらしい)。これが1950年代に生まれた奇跡。
湯の花せんべい角缶 2300円
丸缶 850円

長島温泉でしか買えない赤い缶は、昭和39年から60年近く販売。2020年に発売当初入っていた縁起物の“千鳥”のイラストを復活させた(写真・右)。

くいだおれ太郎サブレ 986円

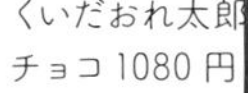
くいだおれ太郎のボール
チョコ 1080円

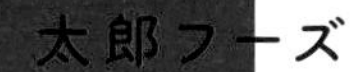

太郎フーズ

道頓堀のランドマーク「くいだおれ太郎」。一切の躊躇なく、“太郎”を引き立たせる、いさぎよき缶。黄色い「くいだおれ太郎サブレ」は10年以上売れ続けるロングセラー商品。“太郎”の顔型をした“ボールチョコ缶”は、この主張の強さがたまらない。大阪式美学を感じる。

土佐堀の元土佐藩の蔵屋敷内にあった「土佐稲荷神社」は今もあり、「ちょろけんぴ」はこの神社の奉納菓子であるため、缶の表にはのしが巻かれている。

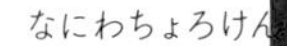

なにわちょろけん ちょろけんぴ（芋けんぴ 300g 入り）1296 円

一創堂

缶に描かれているのは「なにわちょろけん」。「ちょろけん」とは江戸時代、門付け芸（※）としてなにわの人々に愛されたキャラクター。元祖ゆるキャラだ。大阪弁の「ちょける（おどける・ふざける）」は“ちょろけん”が語源とも言われている。しかし明治以降廃れ、姿を消した。それを一創堂店主が現代風にアレンジし、「なにわちょろけん」として再生。大阪土産の代表的な存在となった。

※かどづけげい。大道芸の1つで各家をまわり、玄関先で芸を演じることで、その家に福をもたらすと言われた。

ちょろを見る人
福徳来たる
厄難厄病
皆取り払う

ちょろけん飴（組飴 12 包入り）
594 円

チョロケット（ビスケット 15 袋入り）
1080 円

江戸時代のちょろけん。
ビジュアルが結構衝撃。

ル・パン神戸北野

ハーバーランドにある、70室すべてがオーシャンビュー・テラス付きのスモール・ラグジュアリーホテル。このホテルの朝食に出されるパンをぜひ買って帰りたいという顧客からの要望によって生まれたのが、直営のスイーツ&ベーカリーショップ「ル・パン神戸北野」。この人目を惹く独創的なデザインの缶には、"ル・パン"の名物であるレモンケーキが入っている。缶に印刷されている「1868」は神戸港が開港した年。この缶は2017年、神戸開港150年を記念して作られた。華美になりすぎず、でも華やか。そこが神戸らしい。

瀬戸内レモンケーキ6個入 神戸開港150年記念缶 2484円

三ツ森本店

有馬温泉の代表的銘菓・炭酸煎餅。明治末期に「三ツ森本店」の創業者・三津繁松が製造・販売したのが始まりと言われている。この缶はある人に素敵だと教えてもらって知った。「和と洋風レトロの混合」をテーマに、京都出身の日本画家がデザインしたという。青とオレンジ、反対色のかけ合わせなのにどぎつく感じないのは、間に白とゴールドがあるおかげ。計算しつくされたデザイン。

炭酸煎餅 650円

NARA 奈良

奈良ホテルクッキー（缶入り）3780円

奈良ホテル

明治42年創業。関西の迎賓館とも言われた「奈良ホテル」。本館の建築は東京駅や日本銀行本店などを手がけた建築家・辰野金吾氏によるもの。その「奈良ホテル」のクッキー缶。ロイヤルブルーの缶には、日本最古の文様とも言われる「宝相華（ほうそうげ）」が印されており、古の美しさを放つ。「宝相華」とは仏教の8枚の花弁の花と蔦が描かれている唐草文様のことで、中国では唐・宋の時代に、日本では奈良時代、平安時代に流行ったと言われている。奈良時代には多くのものに「宝相華」の文様があしらわれ、「奈良ホテル」からもほど近い正倉院の宝物にも多数見ることができる。

NAGASAKI 長崎

長崎クルス

現在は「小浜食糧株式会社」が手がける「長崎銘菓クルス」だが、発売当初は湯せんぺい（せんべいではなく“せんぺい”が正式名）の製造をしていた「小高屋」が現在のものとは違う形で手がけていた。「小高屋」の三代目小高国雄氏が、来崎していた鈴木信太郎画伯（「マッターホーン」（学芸大学）や「こけし屋」（西荻窪）の包装紙で有名）に「“クルス煎餅”という菓子を作りたい」と伝え、シスターの絵や「クルス」の文字を描いてもらったという。「小高屋」から画伯の絵一連を買い付け、小浜食糧が開発した現在の「クルス」は当初、駅の売店「キオスク」での販売からスタート。そのため、売り場で目立つデザインにしたいということから、黄色い缶になったという。その効果あって、当時、長崎駅では「黄色いパッケージで売れるのは“森永ミルクキャラメル”と“クルス”だけ」とも言われるほどだった。

初めて作った缶は大型四角缶。昭和30年代は現在と違い、まだ大きな菓子缶が主流だった。現在は終売。

現在販売している缶製品は「復刻版クルス缶」のみ。1080円

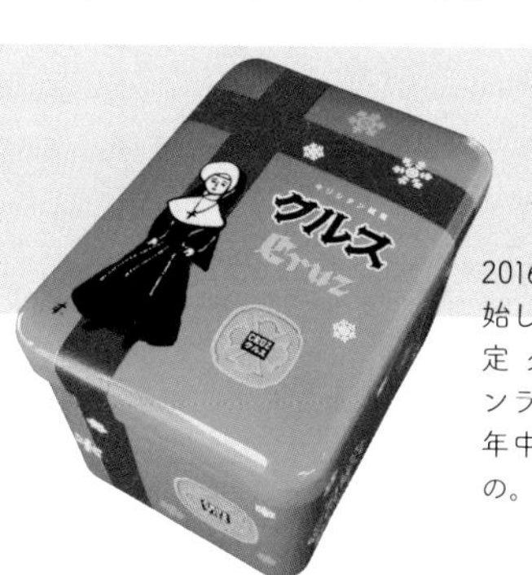

2016年から販売を開始した「クリスマス限定 クルス缶」は、オンラインショップで1年中買える。ほのぼの。1080円

「長崎クルス」のHPでは“シスターグッズ”も購入可能。ペンケースやポーチなどは就労支援に通う障碍者の方がデザインし制作したもの、手ぬぐいやトートバッグは長崎ならではのオリジナル雑貨を販売する「たてまつる」とセレクトショップ「アーバンリサーチ」、「小浜食糧株式会社」のコラボ商品。
シスタートートバッグ2800円、ペンケース1500円（オンラインショップ価格）

㊐小浜食糧株式会社

輸入ものに負けない、日本ブランドの個性派缶

Ludique 3300円

パティスリージャンゴ
Pâtisserie ginkgo

大阪にある「パティスリージャンゴ」は2017年にオープン。犬派・猫アレルギーの店主が庭に生み棄てられた猫と暮らすようになり、猫の癒しの力とかわいさに気づいたことがきっかけで、この缶が生まれた。モデルとなった猫は、料理家の樋口正樹氏が飼っている"ボナさん"。世の中に猫の菓子缶は数多くあるが、ここのものは目を惹くイエローと甘すぎないデザインが魅力。"ヨーロッパの田舎の菓子屋に並んでいるようなクラシック感"にこだわって作ったという。

ミュゼ・ドゥ・ショコラ テオブロマ

MUSÉE DU CHOCOLAT THÉOBROMA

日本を代表するショコラティエとも言われる土屋公二氏が 1999 年、東京・富ヶ谷にオープン。有名すぎる粒状チョコレートの「キャビア」は、15 年ほど前、土屋氏がチョウザメのイラストが描かれた缶に入れたら素敵なのではないかと考え、商品化。絵を手がける画家の樋上公実子氏には「キャビアという商品用のイラストを描いてほしい」という要望だけ伝えた。こうしてのちにロングセラーとなるチョウザメが描かれた缶が生まれた。数年ごとにパッケージ変更が行われるため、コンプリートしているファンも多い。

創業 20 周年を迎えた 2019 年、販売し続けてきたクッキーの中から人気のあったものと新たに商品化したクッキーを詰め合わせた缶には、樋上公実子氏が“テオブロマ”のために描いた動物たちが集結。その中には土屋氏も紛れ込んでいる。

ボンボン アンジュ 3510 円

〈上〉キャビア ミルク、〈下〉キャビア 各 1790 円

タヨリ ベイク

TAYORI BAKE

東京・千駄木、住宅の間に佇む焼き菓子工場「TAYORI BAKE」。このあたりは“谷根千”とも言われ、観光地ではあるが手土産になるものが少なく、そのためこの缶入りクッキーが誕生した。鮮やかなオレンジ色は郵便ポストをイメージ。サイズも葉書がぴったりと納まるサイズになっている。ロゴデザイン同様、デザインスタジオ「ROWBOAT」の田中裕亮氏が手がけた。

TAYORI オリジナルクッキー缶 - 朱 - 3000 円

シェ・シバタ

Chez Shibata

岐阜県多治見市、名古屋をはじめとし、海外にも店舗を持つオーナーシェフ柴田武氏が手がける「シェ・シバタ」。「プレシャス」に入っているクッキーは厚みも食感もさまざま。素材もメレンゲにペカンナッツ、チーズに胡椒と多様なものを使っていることから、缶もさまざまな色が織り成すカラフルなデザインにしたという。また、黒いリボンも含めてデザインされている。デザインは専属デザイナーによるもの。パステルカラーの中、ところどころに黒を効かせたこの缶は、“手のひらのモダンアート”だと勝手に思っている。

プレシャス 11 種 3996 円

抽象的な“プレシャス”に対し、赤と白を基調としたはっきりとした色使い。日の丸や日本をイメージした。2021年 8 月より販売開始。ルージュ・ブラン 3888 円

パティスリー・ノリエット

Pâtisserie Noliette

1993 年、東京・下高井戸にオープン。「ノリエット」の缶のおもしろさは「はんこのヨシダヤ」が手がけるリアルタッチな消しゴムはんこを使っていること。缶にプリントされたケーキや焼き菓子はイラストではなく、すべてはんこ。これをオーナーシェフである永井紀之氏がデザインした。

プティフールセック
（小缶）2808 円、（中缶）4104 円、
（大缶）5400 円

サイズは全3種類。テーゲベック165 1782円、テーゲベック22 2376円、テーゲベック33 3564円

ユーハイム
Juchheim

1919年、「広島県物産陳列館」（後の原爆ドーム）で行われた「ドイツ俘虜製作品展覧会」で、カール・ユーハイムがバウムクーヘンを焼き上げたことが、今では誰もが知る洋菓子メーカー「ユーハイム」の始まり。1922年には横浜にケーキ店「E・ユーハイム」を開店し、翌1923年には「テーゲベック」の販売を開始。何度かリニューアルはしているものの、ドイツの伝統的なビスケットの詰め合わせであることは変わらない。この缶になったのは2017年から。デザインはドイツ・ハンブルクに本社を置く、ヨーロッパを代表するブランディング・デザイン会社「ペーター・シュミット・グループ」が手がけている。長方形の缶もあるが、楕円形の缶は1985年より長年愛されているフォルムだという。

エシレ・メゾン デュ ブール
ÉCHIRÉ MAISON DU BEURRE

上からサブレ・エシレ、ガレット・エシレ各3240円／エシレ・メゾン デュ ブール

三ツ星シェフや一流パティシエなどにも愛されているフランス産の発酵バター「エシレ」。その「エシレバター」を使ったパンや菓子を販売する「エシレ・メゾン デュ ブール」は2009年、東京・丸の内に開店。ブルーとホワイトの缶は2011年に登場した。デザインというのは2～3年もすると古く感じることも多いが、この缶に至ってはそんなことは皆無。むしろ何年経っても美しいと思う。

ルルガレット 1728 円／
メリーチョコレートカムパニー

ルル メリー
RURU MARY'S

「ルル メリー」の「ルル」とは何を意味するのか。「縷々（ルル）」とは“途切れることなく長く続くさまのこと”を表し、近代文学にも出てくる古くからある日本語だ。“ゆったり流れる縷々とした時間をチョコレートとともに過ごしてほしい”という願いを込めてこの“縷々”という愛らしい日本語が用いられたという。「ルル メリー」といえば、ヨーロッパの植物画のようなイラストが使われていることが特徴。めずらしい八角形の缶の側面には、チューリップやラベンダーなど 8 種類の花が描かれている。清楚という言葉がぴったりの缶。

2020年オープン6周年記念に販売した缶。2021年にはこのピンクバージョンも発売された。イラストは店の近所にあるレストラン「TORAU」のキッチン担当でイラストレーターである水野修一氏が手がけた。

アディクト オ シュクル
Addict au Sucre

「アディクト オ シュクル」とはフランス語で「甘味中毒」の意味。オーナーパティシエである石井英美氏が"無類の猫好き"であることから、愛猫のジョゼをモデルにスタッフの友人であった美大生(現在はプロのデザイナーである廣瀬麻乃氏)にイラストを担当してもらい、2017年この人気の"猫缶"が生まれた。

通年商品は写真の白×赤のバージョン。そのほか、期間限定で白×青、ピンク×グレー、ライム×茶などさまざまなバージョンが発売されている。
ボワット レ シャ 1890円

モデルのジョゼ

彩果の宝石

フルーツの形をしたひと口ゼリー「彩果の宝石」のいちご缶が初めて登場したのは2005年。いちごがプリントされた缶だがまったく子どもっぽくなく、"大人の中にある子ども心をくすぐる"という上級デザイン。開発担当の社員が考えたデザインだという。2005年発売当初は今と同じ白い長方形の缶にいちごの画像をプリントしていたが、現在はデザイン画が使われている。

いちご缶
1080円

2019年9月1日〜2020年8月31日まではこのラウンド缶だった。

左からコーヒーローストナッツ、ハーブローストナッツ、ハニーローストナッツ各 2160 円

グランドフードホール

GRAND・FOOD・HALL!

2014 年、神戸・芦屋にオープンした食のセレクトショップ「グランドフードホール」。食品添加物の開発前夜である“1950 年代の食” をコンセプトにしており、ナッツが入った缶もその時代を思い起こさせるようなデザインにしている。制作にあたっては缶博物館まで足を運び、アンティークの缶がどんな風に錆びているか、時間が経つことでどんな色あせを起こしているかなどを研究して作り上げられた。また、当時シルバーの缶はなく、ゴールドの缶しかなかったためベースの缶もゴールドのものを使っている。

エレファントリング
ELEPHANT RING

ショコラバウムラスク 2160 円

神戸・芦屋にあるバウムクーヘン専門店「エレファントリング」の缶は、店内と同じイメージカラーであるブルーとグリーンを基調とし、サーカスを思い起こさせるようなデザインに仕上がっている。象にはちゃんと名前があり、その名はエレン。象は多くの国で幸せの象徴とされており、中でも鼻が上に向いている象は幸運を呼ぶとも言われている。缶の中にはチョコレートをディップしたラスクが入っているが、すべて手作業につき量産できず、かつ繊細な商品であるがゆえ毎年 11 月〜翌年 3 月までの限定販売の商品だ。

〈左〉米蜜ビスケットアソート缶 1980 円、〈右〉米蜜ビスケットギフト缶 1375 円／北陸製菓

ホッカ
HOKKA

2015 年に発売された、じろあめ（米飴）や玄米甘酒を使った元祖ナチュラルビスケット「米蜜ビスケット」。今も数十年前から存在する型を使って焼き上げている。その特徴的でかつ歴史ある型のデザインを缶にも採用。ナガオカケンメイ氏率いる D & DEPARTMENTがデザインした。どちらもギフト仕様を考慮し、慶事にふさわしい“おめでたい色”にした。赤缶は 2018 年、ゴールド缶は 2019 年に発売された。

ザ・メープルマニア

メープルバタークッキー7周年記念缶（2019年6月1日発売・現在終売）

メープルをたっぷりと使用した焼き菓子専門店「ザ・メープルマニア」の舞台は、古き良き時代のアメリカ。そのためここの缶は、“懐かしかわいい”デザインが特徴だ。そして常に男の子とその相棒であるブルドッグの“バディ”が描かれている。バレンタイン、ホワイトデー、クリスマス、そしてときにハロウィン、周年缶などを出すため、コンプリートするファンも多い。

いたずら好きの坊やがハロウィンを楽しむシーンをイメージ。2021年メープルハロウィン缶1620円（なくなり次第終了）

メープルボール缶（2020年2月15日春向け商品として発売。現在終売）

メープルウエハース缶（2020年1月11日バレンタイン商品として発売・現在終売）

キャラメルゴーストハウス

2018年に東京駅の常設店ができるまで、催事での販売しかせず、神出鬼没だったキャラメルスイーツブランド「キャラメルゴーストハウス」。人気イラストレーター北澤平祐氏が手がける「キャラメルおばけ」と黒ネコの「メルちゃん」が缶を彩る。2019年のハロウィン向け商品としてブランド初の缶を発売するやいなや、発売からわずか1週間で予定数が完売。そのため翌年もリバイバル販売することになったという武勇伝を持つ。

2020年1月に発売となったバレンタイン・ホワイトデー向けの特別描き下ろしデザインの限定缶（現在終売）。

これが伝説の「キャラメルゴースト缶」1890円

バタートラー

2019年12月にニュウマン新宿店限定商品として発売した商品「バターアマンディーヌ」。2021年7月に販売終了。

2019年のハロウィン商品。季節やイベント関連の缶は季節感と限定の味を連想する色を使うようにしていた。

バターが主役のスイーツブランド「バターバトラー」は2016年に発足。翌2017年「みんなが贈りたい。JR東日本おみやげグランプリ」ではグランプリを受賞。紙箱の商品がメインだったが、2019年12月に缶商品が登場。バターをイメージしたイエローを基調にそのイエローを引き立たせるオリジナルグリーンを配色している。しかし残念なことに2021年7月、全缶商品が終売になった。

クラシカルな魅力を持つデザイン6選

1

1 1971年、「メリーチョコレート」のパッケージデザイナーがヨーロッパのお菓子缶などを参考に、温かみのあるイメージで吟味して生まれた缶。当初は八角形の缶にこのタータンチェックがプリントされており、"八角のチェック缶"と言って親しまれた。その後、何回かのリニューアルを経て2000年、写真の缶となった。
チョコレートミックス 2160円／メリーチョコレートカムパニー

2 1971年に誕生した「アルカディア」は古代ギリシャ語で"理想郷"を意味する。パッケージは日本古来の文箱と蒔絵をイメージ。金と黒をベースにしたペイズリー柄はすべて人の手によって描かれたもので、コンピューターでは表現できない、独特の温かみがある。当時の「モロゾフ」の社員が手がけた。
アルカディア 540円（ほかに1080円、1620円、2160円、3240円がある）／モロゾフ ※価格により詰め合わせ内容が異なる。

3 1971年の「アルカディア」に続き、1973年に誕生した「オデット」。チャイコフスキーのバレエ作品「白鳥の湖」に登場するヒロイン・オデット姫のような上品でクラシックな雰囲気とモダンさをイメージしたデザインは、当時の「モロゾフ」の社員が考案。創立80周年を機に発売当時のデザインを復刻した。
オデット 540円（ほかに810円、1080円がある）／モロゾフ ※価格により詰め合わせ内容は異なる。

2

Odette
3

4

4 1933年生まれのビスケット「ビスコ」のギフト缶は、「ビスコ」の箱がそのまま缶になったようなデザインがいい。余計なことはしない、そこが粋。
ビスコギフト缶 1836円／江崎グリコ

5,6 2014年発売の「ブルボン」のクッキー缶2種。ストレートに商品内容が伝わるデザインでいて、クラシカルな高級感がある。なのに675円という破格の値段。
ミニギフトバタークッキー缶、ミニギフトチョコチップクッキー缶各675円／ブルボン

5

6

惜しまれつつも販売休止となった缶たち ～復刻希望～

「コロンバン」 ビスキュイ トリコロール 35個入り缶（現在終売）

1924年に創業、日本で初めて本格的なフランス菓子を提供した洋菓子メーカー「コロンバン」。今や洋生菓子の代名詞となっているショートケーキを考案し、一般的となったオープンテラス喫茶や実演室付き店舗を誕生させた名店である。ここのトリコロールカラーの缶が、好きだった。フランス菓子を作るプライドを表したトリコロールカラーと「コロンバン」を象徴するエンブレム。自信があるからこそ無駄なものはそぎ落とすという美学をこの缶に感じるのだ。私がこの缶を見たのは80年代だったが、昭和という空気の中、ここまで垢抜けた缶はほかになかった。しかし残念なことに2020年2月に終売となった。

→「ビスキュイ トリコロール」の前身である「ビスキュイ」（1951～1988年）が掲載された昭和50年頃のパンフレット。デザインは「ビスキュイ トリコロール」の缶とほぼ同じ。「ビスキュイ」は、昭和50年代前半「コロンバン」でいちばん売れていた商品だったという。

「札幌千秋庵」 北緯43度ヨーグルトせんべい （現在終売）

札幌市は北緯43度の街と言われており、札幌市の徽章（きしょう）の六角形をしたお菓子を作りたいと考案して作られたのが“北緯43度”だった。デザインとイラストは“北海道デザイン界の父”とも言われる岩見沢市出身のデザイナー栗谷川（くりやがわ）健一氏。原案は「札幌千秋庵」二代目である岡部卓司氏。商品名の「北緯43度」＝北海道らしいデザインにするため、雪国・北海道で遊ぶ当時よく見られた服装をした子どもたちを栗谷川氏にイラスト化してもらったという。販売期間は、1978～2016年頃まで。製造機械の老朽化などによりやむなく終売となった。

多くの人の心をゆさぶってきた名画が缶に印刷された、三越伊勢丹 & 美術館&博物館コラボレーションギフト

「久右衛門」鯛最中のお吸物 1620 円
／三越伊勢丹
円山応挙「朝顔狗子図杉戸」

「赤坂柿山」赤坂慶長 墨缶 1080 円／三越伊勢丹
菱川師宣「見返り美人図」

「彩果の宝石」ゼリーアソート 1080 円
／三越伊勢丹
歌川広重「薔薇に狗子」

2016 年、最初に三越とコラボしてこのアート缶を作ったのは「東京国立博物館」（以下、東博とする）だった。過去に三井家（「三越」創業家）がゆかりの貴重な資料を東博に寄贈したところからつながりが生まれた。そこから時を経て、東博と三越の担当者が「お中元・お歳暮の歴史が 50 年以上ある三越で人目を惹くようなギフト用品を一緒に作ろう」となり、当コラボ商品が生まれた。スタート年である 2016 年は東博のみだったが、続々と参加を表明する博物館が増え、2018 年には京都・奈良・九州の国立博物館、2020 年には明治以降の近現代美術作品を所蔵する東京国立近代美術館にまで広がった。

※ 124 ページ掲載商品は、2022 年 2 月末まで三越伊勢丹ギフトカタログにて販売。

美術館&博物館コラボレーションギフト缶、私蔵コレクション

2016 年に友人からもらって以来、自分で買うこともある。もはや小さな美術コレクションと化した。その中から気に入っているものを６つ紹介する。
平面の絵を立体の缶に印刷すると見え方がまったく違ってくるため、実は絵を缶に印刷するというのは非常に難しい。そのため、どういった配置がいちばん作品の良さが伝わるかをメーカー・三越伊勢丹、そして博物館・美術館が追求してこのシリーズは作られている。

2020 年お中元
「ロイスダール」
クッキーアソート
小原古邨（祥邨）「木菟」

2020 年お中元
「モロゾフ」
ファヤージュ
葛飾北斎「鷽 垂櫻」

2020 年お中元
「甚助」
小豆島素麺「国産小麦 大吟穣」
歌川国芳「金魚づくし」

2020 年お中元
「ロイスダール」
デザートギフト
小原古邨（祥邨）
「川蝉とかきつばた」

2020 年お中元
「上野凮月堂」
菓子詰合せ
重要文化財「鳥獣戯画断簡」

2021 年お中元
「赤坂柿山」
赤坂慶長　アート缶
高橋弘明「狆」

※すべて私物

1960年代からあった、絵画を用いた缶

タカセ洋菓子

東京・JR池袋東口にある「タカセ洋菓子」は1962年以降、画家・東郷青児氏の絵が用いられたクッキー缶を販売（正確な発売日は不明）。この絵は1962年、池袋本店の新築完成に伴い、屋号を「タカセ」に変更した際、当時人気画家であった東郷青児氏に依頼して描いてもらったもの。「タカセ」と東郷青児氏の縁は深く、現在の建物に建て直す前の店舗にはレストランの壁に大きな東郷氏の絵画を飾っていたこともあった（一部は現在も喫茶・レストランに飾ってある）。50年近く経った今も"東郷缶"の人気は健在。日本全国から注文が絶えないという。

クッキーズ（大）3300円

2018年、「ルーブリアン」50周年を迎えた年から、毎年秋に1回発売する限定缶。毎年絵が変わる。モネ「散歩、日傘をさす女性」（2020年秋限定発売） ※現在終売

通年販売している「ルーブリアン」。〈左〉ジェームズ・ティソによる「庭園のベンチ／ The Garden Bench」（1882）37個入り2160円、56個入り3240円、72個入り4320円 ※画像は2160円のもの。〈右〉フランツ・ヴィンターハルターによる「侍女に囲まれたウジェニー王妃（皇后）／ The Empress Eugenie Surrounded by her Ladies in Waiting」（1855）10個入り756円、26個入り1728円 ※画像は756円のもの。なお、画像はすべて実物のサイズ比率を反映していない。

レーマン

「レーマン」は1948年創業のチョコレートメーカー。1961年に日本で初めて「麦チョコ」を生み出した会社でもある。今から53年前の1968年にギフト商品として開発したのが、海外の名画を使った缶に入ったお菓子「ルーブリアン」である。缶に使う絵は女性を中心としたもので、色合いが美しいものを選んでいるという。絵を金縁で囲んでいるため美術館のような華やかさを感じられる缶。中にはサブレやウエハース、チョコレートなどが入っている。

2020年10月に6年ぶりのリニューアル。絵の額を四角から円状に変更。やわらかい雰囲気になった。
赤い帽子（ゴールド12種66個入り）3240円、（レッド12種45個入り）2160円（参考売価）

80年代から愛される、「赤い帽子」

赤い帽子をかぶった少女の絵が使われた缶を見たことがある人は多いだろう。童画作家・深沢邦朗画伯によるこの絵のクッキー缶は1985年に登場。全6色展開だが、コンセプトである“しあわせの赤い帽子”の赤と、信頼と輝きを表すゴールドを基調としたシリーズにしている。赤とゴールドの缶に関しては、スチールではなくブリキを使用し、ロゴや絵の額縁にあたる部分にはエンボス加工を施すことで、一段と高級感のある仕上がりになっている。さらに赤の缶は、赤い色をグラデーションにすることでより美しい色を表現した。食した人に幸せが訪れるようなお菓子や、デザインを追求している。

ピンク・11種31個入り
1620円

ブルー・8種20個入り
1080円

パープル・7種17個入り
918円

エレガント・4種12個入り
540円

すべて参考売価。なお、画像はすべて実物のサイズ比率を反映していない。　㊂赤い帽子

名画の世界へようこそ

印象派特有の明るい色使いを維持しながらも、古典主義様式を取り入れた、ルノワールの「ブージヴァルのダンス」（1883）を使ったキャンディ缶は、日本でも30年ほど前から販売。イギリスのメーカー「チャーチル」(50ページ）によるもの。
ルノアール・ブージヴァルのダンス缶　フルーツキャンディ1080円

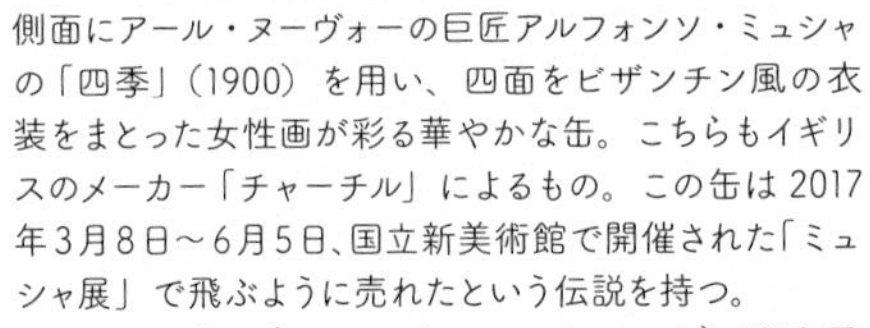

側面にアール・ヌーヴォーの巨匠アルフォンソ・ミュシャの「四季」（1900）を用い、四面をビザンチン風の衣装をまとった女性画が彩る華やかな缶。こちらもイギリスのメーカー「チャーチル」によるもの。この缶は2017年3月8日～6月5日、国立新美術館で開催された「ミュシャ展」で飛ぶように売れたという伝説を持つ。

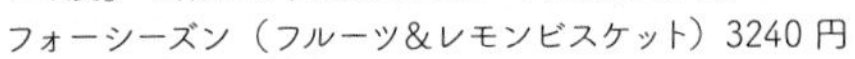

フォーシーズン（フルーツ＆レモンビスケット）3240円

イギリスの紅茶ブランド「ニューイングリッシュティー」（48ページ）とフランスの焼き菓子メーカー「ラ トリニテーヌ」(74ページ）も缶に絵画を使っている。

ニューイングリッシュティー
ゴッホ「糸杉」1620円

ラ トリニテーヌ
〈左〉モネ「睡蓮」1836円
〈右〉ルノアール「ムーラン・ド・ラ・ギャレットの舞踏会」1836円

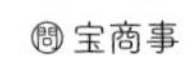

問 宝商事

サイズは各 2 種類あり値段も違う。ベーカリー缶〈右〉は 2916 円、キャナル缶〈左〉は 2700 円。ミニベーカリー缶とミニキャナル缶は各 1080 円

1886 年ベルギーで創業。クッキーメーカーとしてはめずらしい、ベルギー王室御用達認定の「ジュールス・デストルーパー」。日本では 1969 年に輸入を開始。50 年以上親しまれている。基本は創業時に使用していた配送容器をモデルにした白地にネイビーの缶だが、このほかアソート缶としてキャナル缶とベーカリー缶がある。創業当時ベーカリーを営んでいたこともあり、フランスのアーティスト、ジゼル・ピエルロのイラスト「ブーランジェリー・パリジェンヌ」を「ブーランジェリー・デストルーパー」に変え、デザインしたのがベーカリー缶。
キャナル缶は、昔ながらのやわらかなタッチがデストルーパー社のイメージと合うため、採用することの多い画家クリスティーヌ・セルヴュが描いた、デストルーパー社と同じ地域にある世界遺産の街・ブルージュの運河の絵を使用している。

基本は白地にネイビーのこの缶だ。サイズの大きいレトロ缶もある。ミニ レトロ缶 1080 円

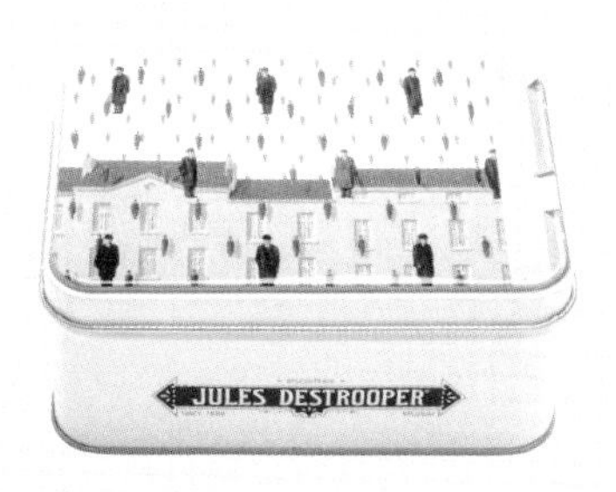

2015 年、国立新美術館、及び京都市美術館（現「京都市京セラ美術館」）で開催された「マグリット展」では、限定マグリット缶も販売（マグリットとは、ジュールス・デストルーパーと同じベルギー出身のシュールレアリスムの画家）。

問 アメリコ

名作「ムーミン」の缶　©Moomin Characters™

大人になっても多くの人が好きと公言する「ムーミン」。やはり“北欧”というエッセンスが効き、甘くなりすぎないのが、子どもだけでなく大人にも愛される秘訣だろう。2015年から発売されている北陸製菓の「ムーミンビスケット缶」はリニューアルを重ね、現在で三代目となる。発売当時、エンボス加工が施されたムーミンの缶はなく、版権元の勧めもあり、ムーミンらしい“ふっくら感”を出すためエンボス加工を用いた。そのためキャラクターの動きがいきいきと伝わってくる。使用するイラストは作者であるトーベ・ヤンソン氏がムーミンコミックスに描いたさまざまな場面からピックアップし、社内で組み合わせている。

ビスケットの形は全部で11種類。そのうち1/60の確率で出会えるのが“ご先祖さま”だ。レアキャラ。

ムーミンビスケット缶（ミルク、ココア、ラズベリー）各1210円／北陸製菓

1

2

2021年バレンタインコレクション。**1** アソーテッドチョコレート（リビング）21個入り　**2** チョコレートウエハース12個入り　**3** リトルミイチョコレート5個入り　**4** アソーテッドチョコレート（ムーミンとスナフキン）9個入り／メリーチョコレートカムパニー（現在終売）

3

「ムーミン」出版70周年を迎えた2015年、これを記念してバレンタイン缶のデザインとして使用したことがきっかけで、今ではバレンタインにとどまらずハロウィン缶（毎年9月頃発売）、クリスマス缶（毎年11月頃発売）も展開している。バレンタイン缶は毎年12月末か1月上旬になると発売され、デザインは毎年変わる。“つい自分が欲しくなるようなかわいさ”を大切にデザインしているという。2021年のコレクションは「メリーチョコレート」が長年大切にしてきたというタータンチェック（このチェックが使われた商品は122ページに）と「ムーミン」の主要キャラクターたちが共演したデザインとなった。

4

一筋縄ではいかない、入手困難な缶

2017年

2019年

2020年

バンホーテン

世界で初めてココアパウダーの製造法を発明した「バンホーテン」。2017年、その190周年を記念して発売されたアニバーサリー缶。以後、秋冬シーズンにリミテッドデザイン缶が登場している。缶本体には「バンホーテン」が生まれたオランダの冬の街並みを表現。ふたには、ココアを楽しむテーブルが描かれている。

バンホーテン ピュアココア リミテッドデザイン缶 各875円／片岡物産（現在終売）

缶入りフルーツケーキ（通常缶）、缶入りフルーツケーキ（クリスマス缶） 各3150円／ロイヤル

ミセスエリザベスマフィン

90年代後半から売られている缶入りフルーツケーキ。発売当時よりデザインが変わらない“本物のクラシカル”。古き良きアメリカを思い起こす缶は、当時の店舗の包装をデザインした会社が、店舗で使っていた紙袋やアメリカのお菓子の本からインスピレーションを得て手がけた。通常缶は通年買えるが、クリスマス缶はホリデーシーズン（11月1日～12月25日まで）のみ販売。

ユーハイム

「ユーハイム」と世界的な陶芸家で、デザイナーでもあるリサ・ラーソンとのコラボは、2019年のバレンタインに初登場。人気キャラクターである猫の「マイキー」とハリネズミ三兄弟の「イギー」「ピギー」「パンキー」が毎年用いられている。写真は2020年のもの（私物）。

©LISA LARSON

ステラおばさんのクッキー

フランス産発酵バターを使用したリッチな味わいのクッキーはオンラインストアのみの販売。しかも1カ月に1～2回の不定期販売で数量限定という狭き門。缶の側面は、ステラおばさんの故郷であるペンシルバニア州・ダッチカントリーの“アーミッシュ・キルト”を元にデザインされている。

WEB限定プレミアムバタークッキー缶〈バター26%〉2800円／ステラおばさんのクッキーオンラインストア

お菓子屋でもケーキ屋でもない、大学のクッキー缶

大学オフィシャルグッズには「こんなものも？」という発見があって楽しい。クッキー缶もしかり。早稲田大学のクッキー缶はスクールカラーであるえんじ色が側面に使われたミニマムなデザイン。早稲田の学生でなくとも今はオンラインで買える。そして“早慶”というからにはもう御一方にもあるらしい。缶入りクッキー〔シンボル缶：バニラ味〕830円／WASEDA-SHOP

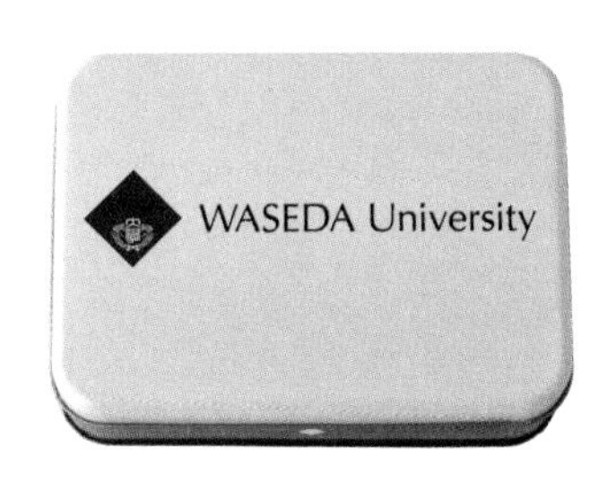

お菓子缶に負けない美しさを持つ紅茶缶

ジャフティー
JAF TEA

ウバ　シャウランズ茶園

ヌワラエリヤ　コートロッジ茶園

エレガントなデザインやガーリーなデザインが多い中、唯一と言っていいユニセックスな魅力を持つ紅茶缶。はっきりとしたカラーリングに黒い太字で書かれたナンバー。吸引力にあふれたデザインはロシア人デザイナーが手がけたという。「JAFTEA」の中でも缶入りのものは“シングルエステートコレクション”と言い、紅茶の産地であるウバ地区、ディンブラ地区、キャンディ地区などの単一畑の茶葉だけが入っている。高品質でかつ少量生産の紅茶のため、毎年1000缶のみ生産。缶のナンバーはその特別な茶葉のロットをイメージしてつけられている。また、産地によって異なる茶葉の味わいを楽しんでほしいという思いから、産地ごとに缶の色を変えている。

ディンブラ　サマーセット茶園

キャンディ　クレイグヘッド茶園

各オープン価格／セイロンファミリー

リチャードティー
RICHARD TEA

19世紀、イギリス王室や貴族たちに紅茶を献上していたティーハウスの1つであった「リチャード」。2014年にロシアのトップクラスの紅茶メーカーMAY（マイ）社が高品質の茶葉を使用し、当時のレシピを再現したシリーズをブランド化したのが「リチャードティー」である。日本には2016年に上陸。全シリーズ、紅茶文化を世界に広めた英国王室にふさわしい、ラグジュアリーなデザインで統一されている。写真の“コローニー”シリーズは、各茶葉の生産国のオーナメントや柄をモチーフにしている。また、ゴールドの部分にエンボス加工を施すことで優雅な見た目に仕上がっている。

「ブリティッシュ・コローニー」シリーズ。左から「ロイヤル・アッサム」「ロイヤル・セイロン」「ロイヤル・ケニヤ」各1080円

ロイヤルアニマルコレクション

「リチャードティー」のシリーズの中には、動物たちをロイヤルファミリーの肖像画風にデザインした“ロイヤルアニマルコレクション”があり、2018年より新年のギフト用に干支デザインが発売される。

2022年コレクション「イヤー・オブ・ザ・ロイヤル・タイガー」〈キング・キッズ〉缶入り　セイロン紅茶　80g各1550円、〈クイン〉40g 1080円

㊐ リチャードティー オンラインショップ

ハフキンス
HUFFKINS

1890 年にイギリス・コッツウォルズに創業したベーカリー&ティールーム。日本ではロゴ入りのジュート素材のバッグの方が有名かもしれない。「ハフキンス」の紅茶は 2018 年に日本に上陸。どちらの缶にも“王冠”が描かれ、王室があるイギリスのエスプリを感じるクラシカルと気品が合わさったデザイン。

ロイヤルクラウン缶（ハウスブレンドティー）、フクロウ缶（アールグレイティー）各 2916 円／シャルマングルマン

エリートティンズ
Elitetins

「エリートティンズ」はイギリスのノリッジにある、オリジナルデザインの缶を世界中に供給している企業。日本でも 2021 年に入って、人気が高まってきた。「デンメアティーハウス」（東京・六本木。オンラインショップもあり）では、「エリートティンズ」の缶にデンメアオリジナルの紅茶やフルーツティーを入れて購入することができる。

With Love Cat 缶（ハッピーデーティーバッグ 7 個入り）、Thank You 缶（ダージリンティーバッグ 7 個入り）各 1700 円／エリートティンズ（デンメアティーハウス）

紅茶専門店 TEAPOND ティーポンド

現在は青山店もあるが、2014 年清澄白河店ができたときに初めてこの缶を入手。モノクロの構成でかつ丸い平缶の紅茶缶は当時非常にめずらしく目を惹いた。デザインは全 12 種類。古いヨーロッパのデザインをベースに社内で作成している。スタッキングしやすいのもツボ。

1274 円～（中に入れる茶葉によって価格が異なる）

LIPTON リプトン

日本と“紅茶のリプトン”の歴史は古く、100 年以上にわたる。日本に初めて輸入されたのは 1906 年。このときリプトンの黄色い缶に入った紅茶“リプトン イエローラベル”が入荷。“レストランブレンド”の缶（写真上）は、このときの缶がモデルとなっているため、今見ると非常にレトロでありながらもトラディショナルな魅力を放つ。そしてリプトンといえばイエローというイメージが強い中、ターコイズカラーの通称“青缶”は、1907 年の発売当時から変わらないデザインを貫く。

リプトン レストランブレンド リーフティー 2.26kg 10260 円、リプトン エクストラクオリティ セイロン 110g 912 円（値段は著者調べ）／リプトン公式オンラインストア

TEA SHOP ITOEN ティーショップ伊藤園

産地や品種、ブレンドにこだわったお茶を取り揃えている、伊藤園の公式リーフ通販サイト「TEA SHOP ITOEN」。ここでの推しは四季折々のイベントやフレーバーを感じさせるデザインの缶入り商品。ギフトにもよく使う。写真は 2019 年のラインナップ（一部）。

各 867 円～（内容によって価格が異なる）

捨てるなんてできない！空き缶再利用アイディア

もろ変形「くいだおれ太郎のボールチョコ」の缶をお弁当箱に。チャーハン&唐揚げ弁当。同じく「食いだおれ太郎」のマヨおかきをデザートにしているところも心ニクイ。

@ ai2769 さん
3人の子どものお母さん。日々のごはん作りに加え、高校生弁当と単身赴任中の夫用冷凍弁当作りに追われる。

お弁当箱として使う缶はさまざま。ご主人の出張土産の「M & M's」の缶や上野動物園内の店で買ったパンダのクッキー缶、「ビスキュイテリエ ブルトンヌ」の缶に「コバトパン工場」の缶。中でも目を惹くのは「ホノルル・クッキー・カンパニー」の缶に合わせて作る"パイナップルオムライス弁当"だ。

@ hoshitae_ さん
大学1年生と高校1年生の2人の息子のお母さん。長男はお弁当を卒業。現在は次男のお弁当作りをする毎日。

〈右〉「フライング タイガー コペンハーゲン」のサバ缶の缶をそのまま器に見立てたサバ缶サラダ。お見事。〈左〉100円ショップ「セリア」で買った缶と「中川政七商店」の缶に、いちご、たまご、ツナオニオンwith ハラペーニョのロールサンドを。

@ ukky.s.cafe
3人の子どものお母さん。彩りと盛り付けが美しいお弁当の数々。

どちらも「リプトン」の缶を植木鉢代わりに。"青缶" 450g サイズと赤いティーバッグ保存缶。多肉植物とサボテンを寄せ植え。

@nao_junk
季節の花と風景、多肉植物とサボテン、雑貨を愛する。

友人が「豊島屋」の鳩サブレーの缶をアレンジして作った鳩缶リュック。「たぶん世界に1つのオリジナル」。行楽やカジュアルな服に合わせて使っている。

つちくれひとみさん
会社役員。缶が大好きで、"鳩サブレーの缶"はクローゼットの半分を占めるほど所有。

※本書内、値段が記されているもののみ、期間・季節限定品、終売品は含みません。

協力店問い合わせ先リスト

あ　赤い帽子
http://www.akaibohshi.com/jp/
アディクト オ シュクル
https://addictausucre.com/
アメリコ（ジュールス・デストルーパー）
http://www.americo.co.jp
い　石川商店
0125-32-3288
石田屋
http://www.jingorou.com
ISHIYA（イシヤ）
https://www.ishiya-shop.jp/
泉屋東京店
https://www.izumiya-tokyoten.co.jp/
伊勢丹新宿店
03-3352-1111（大代表）
一隆堂
0564-23-7098
一創堂
https://issoudo.jp
う　ウイングエース
https://www.wingace.jp
馬印　三嶋豆本舗（長瀬久兵衛商肆）
https://www.mishimamame.com
え　榮太樓總本鋪
https://www.eitaro.com/
エイム
http://www.eim.co.jp
エクレティコス
https://ekletikos.co.jp
江崎グリコ
https://www.glico-direct.jp/food-gift/kashi-icecream/item-6744629/?bsp=redirect
エシレ・メゾン デュ ブール
https://www.kataoka.com/echire/maisondubeurre
エモントレーディングカンパニー（マルシェエモンズ）
www.aimons-net.com
エリートティンズ（デンメアティーハウス）
https://elitetins.jp/
エレファントリング
https://elephant-ring.com/
お　小浜食糧株式会社
http://www.e-cruz.net/
オランダ家
https://www.orandaya.net
か　開運堂
https://www.kaiundo.co.jp
カカオ マーケット バイ マリベル
http://www.cacaomarket.jp
片岡物産
https://www.kataoka.com/
金谷ホテルベーカリー
http://www.kanayahotelbakery.co.jp/
カファレルグランスタ東京店
https://www.caffarel.co.jp
カフェタナカ
regaldechihiro.cafe-tanaka.co.jp
き　キャラメルゴーストハウス
https://caramelghosthouse.jp/
ギャレット　ポップコーン　ショップス®
https://jpgarrettpopcorn.com/
共成製菓
https://asahimame.com
銀座ウエスト
https://www.ginza-west.com/
く　グマイナー
https://e-shop.juchheim.co.jp/creators/gmeiner
グランドフードホール
https://www.grand-food-hall.com/
け　cake 太陽ノ塔
https://www.patisserie.taiyounotou.com
こ　紅茶専門店 TEAPOND
http://www.teapond.jp
コバトパン工場
https://batongroup.shop-pro.jp/
コロンバン
https://www.colombin.co.jp/
ゴンチャロフ
https://www.goncharoff.co.jp/
さ　彩果の宝石（トミゼンフーヅ）
https://www.saikano-hoseki.jp/
札幌千秋庵
https://senshuan.co.jp/
ザ・メープルマニア
https://themaplemania.jp/
し　シェ・シバタ
https://www.chez-shibata.com/
G 線
http://www.g-sen.com
シャルマングルマン
https://charmant-g.com/
す　鈴商
03-3225-1161
ステラおばさんのクッキーオンラインストア
https://www.stella-online.jp/
住吉屋製菓
049-292-2878
せ　セイロンファミリー
https://ceylonfamily.jp/
た　タカセ洋菓子
https://takase-yogashi.com/
宝商事
www.tskk.co.jp
たぬき煎餅
https://www.tanuki10.com/

TAYORI BAKE
https://webshop.tayori.info
太郎フーズ
https://www.tarofoods.com/
て TEA SHOP ITOEN
https://teashop.itoen.co.jp/shop/default.aspx
と 豊島屋
https://www.hato.co.jp
な 奈良ホテル
https://www.narahotel.co.jp/
に 日本食品製造合資会社 お客様センター
0120-249-714
は バターバトラー
https://butterbutler.jp/
パティスリー銀座千疋屋
https://www.rakuten.ne.jp/gold/ginza-sembikiya
パティスリージャンゴ
06-6606-9455
パティスリー・ノリエット
https://www.noliette.jp
パレスホテル東京
http://www.palacehoteltokyo.com/shop
ひ ビスキュイテリエ ブルトンヌ
https://www.bretonne-bis.com
日の出屋製菓
https://www.hinodeya-seika.net
ふ フィールドエスト
078-595-9565
不二家
https://www.fujiya-peko.co.jp/
フライング タイガー コペンハーゲン
https://blog.jp.flyingtiger.com/
プリンスホテル
https://shop.princehotels.co.jp/shop
ブルボンオンラインショップ
https://shop.bourbon.jp
プレスタ日本橋三越店
03-3241-3311（代表）
へ ベーカリーレーチェ
http://www.yasuda-yogurt.co.jp/shop/leche.html
ほ 北陸製菓（hokka）
https://hokka.jp
ポワブリエール
082-234-9090
ま マリベル
http://www.mariebelle.jp
み ミシャラク
https://e-shop.juchheim.co.jp/creators/michalak
三越伊勢丹
https://www.mistore.jp/shopping
三菱食品（株） お客様相談室
0120-561-789
三ツ森本店
tansan.co.jp
ミュゼ・ドゥ・ショコラ テオブロマ
https://www.theobroma.co.jp
め メゾン・ダーニ
https://valuet.co.jp/maison-b/mdahni/
メリーチョコレートカムパニー
https://www.mary.co.jp
も モロゾフ
https://www.morozoff.co.jp/
モントワール
https://montoile.co.jp/la-mere-poulard/
ら ラ・キュール・グルマンド
https://curegourmande.jp/
り リチャードティー オンラインショップ
https://richardtea.jp/
リプトン（公式オンラインストア）
https://www.lipton.jp/
る ルコント（オンラインショップ）
https://a-lecomte-shop.com/
ル・パン神戸北野
https://www.l-s.jp/lepan/
れ レーマンオンラインショップ
https://reman-choco.com/
ろ ロイヤル（ロイヤルオンラインショッピング）
https://www.shoproyal.jp/shop/c/c20
や 山一園製茶
https://www.yamaichien.com/
山本商店
https://h-yamamoto.co.jp
ゆ 雪国あられ
http://www.yukiguniarare.co.jp
ユーハイム
https://e-shop.juchheim.co.jp/
よ ヨックモック
https://www.yokumoku.co.jp/
わ WASEDA-SHOP
https://www.waseda-shop.com

取材協力

aspilin inc.
http://www.aspilin.com
お菓子のミカタ
https://www.okashinomikata.com/
金方堂松本工業
http://www.kinpodo.co.jp
「mikke　かわいいお菓子と雑貨のセレクトショップ（三洋堂オンラインショップ）」
https://www.isanyodo.com

中田ぷう（なかた・ぷう）
編集者、フードジャーナリスト。東京生まれ。
大手出版社に勤務後、2004年にフリーランスに。
料理や生き方のヒントなど暮らしにまつわる実用書を手がけるほか、“働く母”としての実感と経験を活かした等身大の記事をメディアにて多数執筆。
食のスペシャリストとしてTV出演やレシピ提供も行う。著書に『闘う！母ごはん』（光文社）がある。

インスタグラム：@pu_nakata
缶専用インスタグラム：@pu_nakata_tin

Staff
本文デザイン・装丁　藤崎良嗣、五十嵐久美恵（pond inc.）
撮影　石田純子（光文社写真室）、大場千里

素晴らしきお菓子缶の世界

2021年10月30日　初版第1刷発行
2023年 4月 5日　　　第4刷発行

著者　中田ぷう

発行者　三宅貴久
発行所　株式会社　光文社
〒112-8011　東京都文京区音羽1-16-6
電話　編集部 03-5395-8172　書籍販売部 03-5395-8116　業務部 03-5395-8125
メール　non@kobunsha.com
落丁本・乱丁本は業務部へご連絡くだされば、お取り替えいたします。

印刷所　萩原印刷
製本所　ナショナル製本

ISBN978-4-334-95275-4